Apartment

住宅公寓

方 A WORLD IN
A GRAIN OF SAND

寸之间展现天地

公屋 不 只 是 公屋
HONG KONG
PUBLIC HOUSING

本 来 生 活
ORIGINAL LIFE

京 城 幻 想 曲
BEIJING FANTASY

租 客 星 球
ZOKSTAR

万 科 大 都 会
METROPOLIS

Joie de vivre 上海老公寓
JOIE DE VIVRE

简 约 空 间 的 整 合
MINIMAL
INTEGRATION SPACE

宛 平 南 路 88 号 官 邸
MODERM CHINOISERIE

宜 动 宜 静
ACTIVE OR SEDENTARY

夹 缝 中 的 家
HOME IN THE CREVICE

生 活 & 态 度
LIFE & ATTITUDE

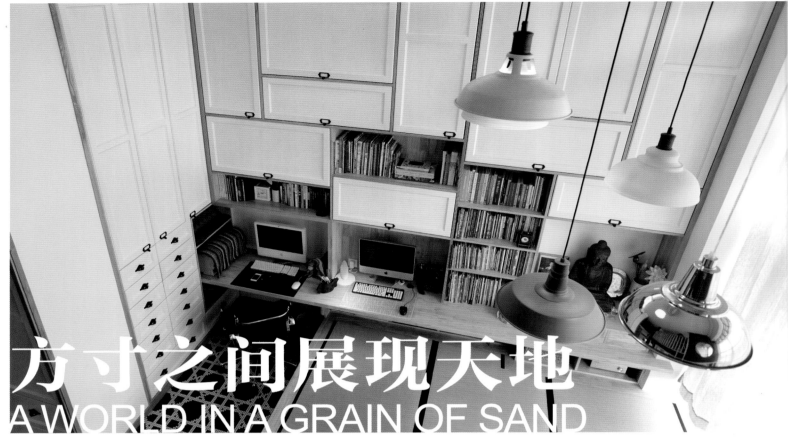

方寸之间展现天地
A WORLD IN A GRAIN OF SAND

项目名称 _ 方寸之间展现天地 / 主案设计 _ 陈大为 / 项目地点 _ 北京市昌平区 / 项目面积 _ 43 平方米 / 投资金额 _ 25 万元 / 主要材料 _ 橡木、松木等

A 项目定位 Design Proposition
使用面积只有 43 平面，三口之家，如何充分利用有限空间，如何在小空间内展现大气象？

B 环境风格 Creativity & Aesthetics
每一个空间都有它的独特之美，此户型面积虽小，但有一整面落地窗，视线好、有充足的日照、还有不错的层高。这些闪光点都是要表现的对象，扬长避短，每一个空间的美都将是独特的。小空间的优势在于灵活多变、精致干练、简单明了。

C 空间布局 Space Planning
拥有足够多的储物空间是每一个小户型的必要条件，比如增加一个 45 厘米高的储物地台对于 4 米的层高几乎不算什么；用柜体间的围合去划分空间，还可以减少墙体面积；把储物柜漆成白色，减少体积感；厨房最大化利用，餐台同时也是料理台。只在门厅和睡眠区搭建阁楼平台，起居处则保留最大挑高。 在使用上，小空间要强调一空间多用途。比如，14 平米的榻上空间可以读书，也可以和孩子玩耍；升降桌升起后可以喝茶，可以品味高窗外的风雨；推拉电视打开后还可以全家激情视听。主人卧室白天只作客厅的延续，只有在夜晚当暗藏推拉门关闭后才会温馨展现。卫生间干湿分区，门厅面积在睡前也被纳入到洗漱范围。

D 设计选材 Materials & Cost Effectiveness
整体选择了偏日式的东方风格。不张扬的原生态橡木、松木、带着香草气息的榻榻米垫子、木制推拉门、铸铁拉手、精致的小配饰——这种不求奢华，对自然安静聆听的生活态度，非常适合用小空间来表现。同时，为了避免过于方正，色彩搭配上融入了理性的黑白马赛克地面、深邃的墨绿色墙面、以及亚麻色纱幔，高低错落的灯具悬吊，沉稳内敛中再添加些时尚的轻巧。

E 使用效果 Fidelity to Client
后期使用非常方便，超出预期效果。储物最大化、空间共享、只有小户型的软肋有效解决时，优势才会自然凸显，蝴蝶虽不比鸾凤体态丰腴，但轻盈多彩、扑朔迷离更显姿态。

佛龛

下藏DVD及功放

木制楼梯

电视推拉门

榻榻米

可升降桌

推拉门

书柜

音箱柜

折叠门

储物柜

书桌

榻榻米

衣帽间

储物柜

冰箱

储物柜

餐具柜

吊柜

台下洗衣机

可折叠猫挡

鞋柜

平面图

公屋不只是公屋
HONG KONG PUBLIC HOUSING

项目名称_公屋不只是公屋 / **主案设计**_廖奕权 / **项目地点**_香港北区 / **项目面积**_25平方米 / **投资金额**_35万元 / **主要材料**_木纹胶板、松木、水泥批荡、不锈钢、清镜、铁线玻璃及板石等

A 项目定位 Design Proposition

公屋以开放式间隔，原有主人房设于窗前，另设厨房、露台及无窗厕所。虽然间隔四四方方，没有三尖八角，但单位坐向正北，而且只有单边窗，所以采光度非常有限，厅区更几乎没有一线日光。设计师定好两房间隔后，决定加长原有厨房墙身，并以铁线玻璃处理部分趟门，配合清镜饰墙、松木家具、木纹胶板假天花及水泥批荡墙身等，为单位注入年轻活力之余，亦多添一氛温暖和谐感觉。

B 环境风格 Creativity & Aesthetics

面对无窗厕所的格局，设计师想出拆去露台与厕所之间的砖墙，新换一幅强化磨沙玻璃，取其透光不透明的优点，变相令厕所多了扇大窗。厕所以不同炭灰色的瓷砖物料铺砌墙身及地台外，另以灰色板石铺砌浴室台面及日式浸缸，让屋主每天也可享受回家的自在与舒适。多功能的厅区设计，其中一个亮点是餐台上的悬臂壁灯。灯饰以黑色焗油铁器配搭玻璃灯胆，工业味道浓厚，对比水泥批荡、松木家俬及木纹胶地板饰墙，层次相当丰富。灯臂长约3呎，方便设计师在假天花编排其他射灯，加强室内的光影变化。

C 空间布局 Space Planning

设有特色吊扇的厅区，墙身分别以水泥批荡、清镜及木纹胶板处理，同时连贯天花物料。崭新的意念，成功将地台、墙身及天花完美连系，亦可弥补日光不足的问题。设于中轴线上的原木餐台、储物长凳、组合式梳化床及电视机，令客饭厅及睡房看似三为一体，实际上却可鲜明分区，即使屋主的亲友来访，也有足够的坐位空间。设计师更细心地在饭厅一角加设特色木制吊扇，同样有助空气流通。

D 设计选材 Materials & Cost Effectiveness

厅房地台新铺木纹胶板，既可减轻装修支出，亦可缩短工程时间。此外，室内局部饰墙及假天花刻意连贯木纹胶板效果，在灯光衬托下更添层次。除了木纹胶板，松木是另一主角。设计师以松木订造大部分家俬，同时以不同造型的松木（如板材及条子等）创作主题墙、趟门及门框，加强部屋感觉。设计师亦加入水泥批荡、不锈钢、清镜、铁线玻璃及板石等物料，突出原始、不经打磨的粗糙质感。

E 使用效果 Fidelity to Client

效果非常好。

本来生活
ORIGINAL LIFE

项目名称 _本来生活 / 主案设计 _ 程晖 / 项目地点 _北京市顺义区 / 项目面积 _140 平方米 / 投资金额 _19 万元 / 主要材料 _ 实木板、水泥等

A 项目定位 Design Proposition
我们重新对居住的方式做了诠释，不再保守于传统的户型格局。

B 环境风格 Creativity & Aesthetics
设计风格绝对是现代风格，但中国京韵和北欧的自然风很好地做了融合。

C 空间布局 Space Planning
拆掉一切墙，留下一个无比开阔的全新空间。

D 设计选材 Materials & Cost Effectiveness
材料全部都是取材于自然，实木板、水泥地、白墙青砖灰瓦，协调统一。

E 使用效果 Fidelity to Client
一如纯粹洁白的空间一样，在这里，你会放下繁杂的物欲，生活也回到了她本来应该有的样子！

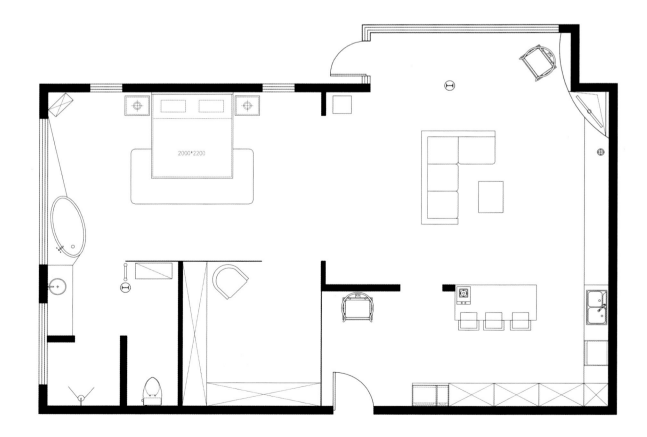

平面图

京城幻想曲
BEIJING FANTASY

项目名称_京城幻想曲 / **主案设计**_Thomas Dariel / **项目地点**_北京市崇文区 / **项目面积**_1500平方米 / **投资金额**_370万元 / **主要材料**_实木板等

A 项目定位 Design Proposition

Dariel Studio 最新完成的私人住宅项目可谓是奏响了一部现代感的幻想曲。这个 1500 平米大的公寓坐落于繁华的北京三里屯地区，超凡的装饰设计完全体现出业主不凡的性格。

B 环境风格 Creativity & Aesthetics

制造开放性的空间是首当其冲。一楼就是一个巨大的开放式区域，没有任何隔断。没有保留墙体，Thomas Dariel 运用不同的纹理、材质、颜色、线型和造型来区分不同的空间，让每个空间诉说不同的故事。超大挑空的客厅空间，由纺锤形的承重柱支撑二楼的结构，以及可以反射一二楼的镜面包裹的横梁，让人很难知道空间的连续处。由于入口处的天花太低，设计师也运用了视错手法带来了同样的空间感。走入时，深色的木地板将客人引领进主客厅，而周围都用黑白条纹螺旋式排列进行互相反射，制造出迷幻的氛围让人无法分辨处于哪里。透过入口，可以看见再次无止尽旋转的圆形楼梯，令人印象深刻地找到公寓的中心。这个旋转楼梯本身就如同艺术品一般，位于整个空间的中心，以开放式的姿态连结着每个功能区域。它是整个空间结构的精髓，整个设计的心脏。

C 空间布局 Space Planning

如果说设计风格是如此的夸张，但公寓的布局却是完全基于客户的需求上的。一楼更多的是满足比较公共的需求，如玄关、客厅、餐厅、厨房、客卧／客卫、儿童玩乐区和艺术陈列区；二楼则是更为私密的房间，主卧／主卫、儿童房／浴室、家庭区、更衣室和书房。每间房间布局和整体都由风水大师协调设计以保证一个和谐舒适的住宅环境。

D 设计选材 Materials & Cost Effectiveness

细节上，利用护墙板做过很多有趣的处理。比如主卧卫生间采用镜面为材，做成护墙板的样式，合围成一处隐形的外墙。

E 使用效果 Fidelity to Client

不仅客户对此十分满意，京城幻想曲项目落成后一度席卷了几乎所有国内外各大家居设计类媒体的头条，甚至多次成为杂志的封面。

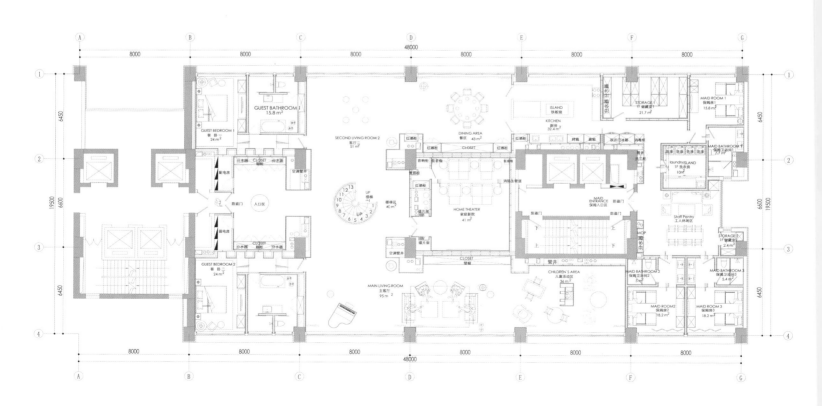

一层平面布置图

租客星球
ZOKSTAR

项目名称 _ 租客星球 / 主案设计 _ 戚帅奇 / 参与设计 _ 吴恩良 / 项目地点 _ 浙江省杭州市 / 项目面积 _ 60 平方米 / 投资金额 _ 8 万元

A 项目定位 Design Proposition

我们通过一种低成本的硬装来展示当代 80、90 乃至 00 后来到城市租房应有的体面，带给年轻人一种积极向上的生活观念。

B 环境风格 Creativity & Aesthetics

随性、自由、浪漫，这也是杭州这座城市给人的感受。我们在设计上保留了许多房屋原有的元素，将历史能一代代延续下去。

C 空间布局 Space Planning

在空间上局部做了改造，增加了干湿分区，为租房客们在卫生间使用上提供了方便，也最大化地提供客厅、餐厅的空间感，为合租生活带来了更多的互动。

D 设计选材 Materials & Cost Effectiveness

所有材料均就地取材并且使用传统工艺，但在软装物品上精心搭配，把文艺的气质体现在整个空间之中。

E 使用效果 Fidelity to Client

开始有许多顾客因为不敢相信这样的合租存在，过来咨询都似乎没报太大期望，但是体验实地后，我们看到顾客的喜悦都很兴奋，之前的努力和辛苦真的都值了……

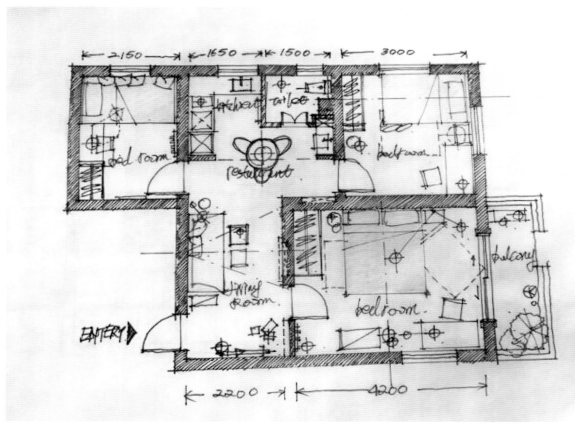

平面布置图

万科大都会
METROPOLIS

项目名称 _ 万科大都会 / **主案设计** _ 蔡蛟 / **项目地点** _ 北京市朝阳区 / **项目面积** _300 平方米 / **投资金额** _700 万元 / **主要材料** _ 皮革、铜、真丝、雕花玻璃、板岩等

A **项目定位** Design Proposition
中国文化的复兴，中国设计西方生产的趋势。

B **环境风格** Creativity & Aesthetics
将中国传统艺术和当代艺术与西方艺术融合。

C **空间布局** Space Planning
将原有的封闭式餐厅改为半开放式餐厅，餐厅更加宽敞明亮。将原有客厅区吧台改为火炉、休闲区、吧台三位一体的功能区。

D **设计选材** Materials & Cost Effectiveness
将皮革、铜、真丝、雕花玻璃、板岩等材质结合，具有中国的韵味。

E **使用效果** Fidelity to Client
业主很喜欢！曾有知名导演希望在他家取景拍戏，被委婉拒绝。

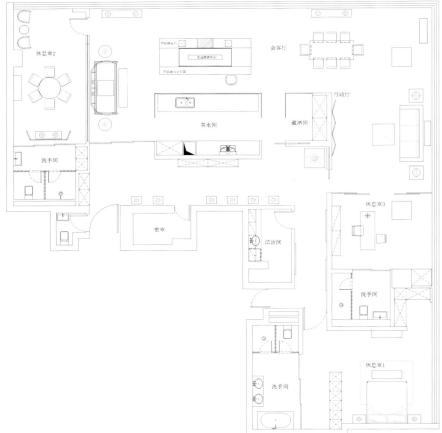

平面布置图

Joie de vivre 上海老公寓
JOIE DE VIVRE

项目名称_Joie de vivre 上海老公寓 / 主案设计_解方 / 参与设计_杨耀淙 / 项目地点_上海市徐汇区 / 项目面积_194 平方米 / 投资金额_100 万元

A 项目定位 Design Proposition

项目坐落于上海瑞华公寓，一栋建于 1928 年的原法租界 ArtDeco 风格建筑内，在 194 平方米的面积内，我们希望通过设计重现舒适且生气勃勃的以享受生活为主题的设计理念，同时这一理念本身也引起了业主的强烈共鸣。漫步于这昏暗的空间中，你会从业主及其生活中发现更多诸如此类对立且诱人的故事。这栋公寓真正的精神是一种娱乐的思维，我们希望你能享受这个空间正如我们享受设计及建造他的过程。

B 环境风格 Creativity & Aesthetics

业主是一对四海为家的夫妻，他们曾经在新加坡、伦敦、香港、东京生活过，现在他们定居在上海。随着他们越来越享受这种现代化大都市中多样化的生活状态并对新的环境持越来越开放的态度，他们也从未忘记自己的根，这种信念也反应在整个室内设计元素中。

C 空间布局 Space Planning

进入大门的动线引领人们进入中厅位置，中厅两侧是被吧台隔开的餐厅及开放式厨房。开放的区域感可以让客人彼此在舒适的环境下互动，同时也可以与在厨房中工作的主人自然交流。走廊端头放置着一组复古电影院的座椅，朋友们可以在晚餐前放松地于此闲聊，餐边柜放置着业主从世界各地搜集的玻璃器皿和茶具，微弱的灯光提升了整体展示效果及使用的便捷性，甚至连他们的猫，也有专属于自己的由新加坡 Kwodrent 工作室设计编织的猫抓凳。 我们设计了一条长走廊以区分相对开放的公共区域及私密的休息区域，并且将休息区套间的浴室及更衣室门做暗门处理，以便不打断长走廊的空间延续性，同时保证布置在最远端的主卧到入口区域保持绝对的隐私。远端的主卧中，一个如月亮船般的镜面艺术品悬挂在床头上方，用以营造在大自然昏暗、开放的天空下睡觉的感觉。

D 设计选材 Materials & Cost Effectiveness

原建筑的铁艺窗户完美的成为背景衬托着 Eames 的躺椅及 Moooi 的猪桌，欧式的古典护墙板与现代吊灯并置共存，法式餐桌与 HAY 的餐椅完美搭配，做旧的大理石表面与高科技的现代厨具互相映衬，复古的铜质灯具与时尚的暗灰色调产生强烈冲击。

E 使用效果 Fidelity to Client

这是一个让业主及他们的猫更为放松且平静的静谧空间，是一个给予每个访客惊喜的场所。至今已有多家传统媒体及新媒体对本项目进行报道。

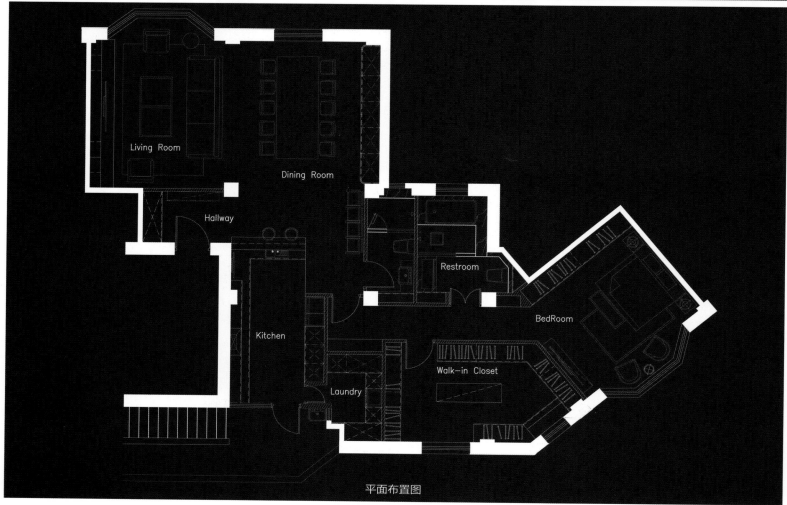

Living Room

Dining Room

Hallway

Restroom

Kitchen

BedRoom

Walk-in Closet

Laundry

平面布置图

简约空间的整合
MINIMAL INTEGRATION SPACE

项目名称 _ 简约空间的整合 / 主案设计 _ 王智衡 / 项目地点 _ 香港湾仔区 / 项目面积 _242 平方米 / 投资金额 _100 万元 / 主要材料 _ 木材、玻璃等

A 项目定位 Design Proposition
设计师巧手整合格局，让没有梁柱建筑结构的宽裕单位，间隔可更灵活改动，为屋主绘制专属的生活场域。以极简设计美学创造融合机能与美感的明亮家居。

B 环境风格 Creativity & Aesthetics
环境风格上的特点是利用宽敞的空间走向现代简约风格，显得更开阔大器，例如金色哑面的吊灯，让家居添了一份优雅。而整体环境亦造就视觉上具穿透性及细腻质感的居住空间。

C 空间布局 Space Planning
这单位的特色在于它的独特结构，令布局的编排上更具弹性。大厅的设计，我们除保留原有阅读室的位置，亦把装上了特式墙的厅堂微调成长方形，显得空间更俐落。在私人区域的编排上，重新规划成主人套房及三间大小相约的孩子房。设计师特意把孩子房以趟门分隔，增加活动空间的灵活性。

D 设计选材 Materials & Cost Effectiveness
为凝聚沉稳内敛的氛围，我们选用了以质朴的用色及材质铺陈。厅堂选材以木材和玻璃为主，衬以米白主色；孩子房则颜色较鲜明，各有特式。整个单位的深浅色互相调和，所有线条利落简洁，带出极简设计风格。

E 使用效果 Fidelity to Client
设计师把美感充分在选材、颜色上展示出来，而空间布局亦达致屋主的需求，兼备了居家该有的舒适感及无压感。

平面布置图

宛平南路 88 号官邸
MODERM CHINOISERIE

项目名称 _ 宛平南路 88 号官邸 / 主案设计 _ 赵牧桓 / 项目地点 _ 上海市徐汇区 / 项目面积 _ 600 平方米 / 投资金额 _ 无 / 主要材料 _ 木材、玻璃等

A 项目定位 Design Proposition
用一个比较简单的形式关系去表达一个大都会的居住方式，一个是必须是现代的调性，另一个则是必须带有东方的意念。

B 环境风格 Creativity & Aesthetics
我决定从地面着手去解释这个问题，解决完了地面才入手平面和空间层次上的划分。

C 空间布局 Space Planning
入口维持早期东方中式住宅那种大宅门的味道，大铁门加上两头镇宅的石狮子，留了开口在石狮子后面，一方面可以有自然光渗透到阴暗的电梯玄关，另一方面，主人不用开门也可以探望外面的来人。第一进的玄关是作为通往右侧公共空间和左侧私密空间的一个转折口，也是一个重要的起承转合的地方，更是开启这个宅子的纽带。每一个空间的连结处，安置了条形木门，可以隐藏到墙里，这样主人可以自己依照特殊情况和需求分隔空间，门是自动门，省却需要佣人去开启时已。从客厅到餐厅到收藏室都是依照此根本逻辑去安排，也很自然形成该有的动线。从入口玄关往左到各个私密卧室，卧室的安排倒也是比较参照传统长幼有序的逻辑去布局。

D 设计选材 Materials & Cost Effectiveness
中国人喜欢自然的东西，这是一种文化特性。中国人喜欢搜集石头，从庭园景观造景用的那些奇石，到欣赏大理石里面自然堆砌所成就出来的如画般的天然肌理。如果把这山水般的肌理加以放大铺满整个空间，我觉得应该有点意思，索性把自己当成画匠猛往画布里泼洒墨水，地面造型就完成了。

E 使用效果 Fidelity to Client
这种平面布局很规整，空间的景深和境深都会顺着平面形成。做着做着，才发现自己无意识地在寻求古代士绅但是是活在现代的一种生活方式。只可惜没能放进自己设计的家具灯具等小摆件，不然我会觉得玩得更起劲。

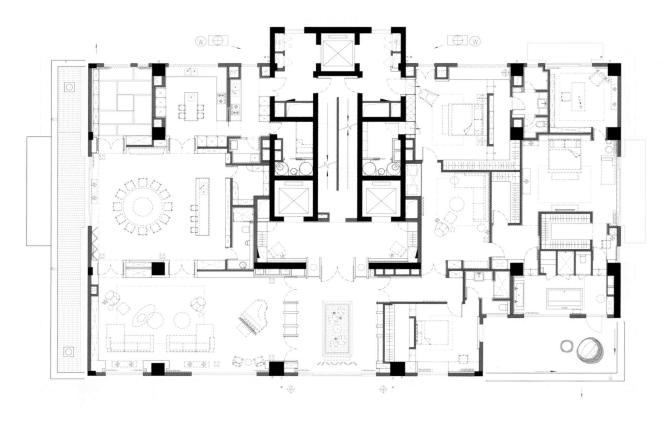

平面布置图

宜动宜静
ACTIVE OR SEDENTARY

项目名称 _ 宜动宜静 / **主案设计** _ 许盛鑫 / **项目地点** _ 台湾台中市 / **项目面积** _125 平方米 / **投资金额** _146 万元 / **主要材料** _ 大理石、铁件等

A 项目定位 Design Proposition

此案尽管坐落绿园道，但身居后栋加上楼层不高，完全没有对外借景的资源可用，因此设计师首要的思考，就是如何透过内景制造，打造一处动态时兼具讲堂、会馆、接待所等多人共享机能，静态时可供屋主个人独处办公、静心沉淀，随机宜动宜静的人文御所。

B 环境风格 Creativity & Aesthetics

本该掩映于窗外的绿意，重新剪辑在长桌后的大面墙上，我们以室内植生墙的概念，将内景制造的可能最佳化，盎然的绿意带来明确的净化作用，也让空间显现出安静悠远的归属感。

C 空间布局 Space Planning

本案为跃层式复层形态建筑，原有的室内梯设在玄关进门处，不仅切割、压迫主空间，动线也极不顺畅，因此我们将室内梯移至窗边靠墙的位置，配合加大的梯口与前三阶，打造别致的界面衔接处与采光天井，扩张视线向上延展的可能，刻意裸露的梯线剖面线条洗炼，同时展现结构强化的精湛细节，成功塑造兼具机能与美感的空间亮点，而行进间分置于墙面上下内退处的精品格柜，配合结构横梁的分界，同样是内景制造的精华重点。

D 设计选材 Materials & Cost Effectiveness

一楼以特制超长餐桌为轴心的聚落设计，大理石、铁件以不同方向分置的脚座造型，同时结合电器插槽的设计，彻底颠覆了世人对于"桌"的定义。尽头处的白墙搭配投影设备，可供多人在此进行商务会议，长桌上方一排玻璃球形灯以 5、3、2 不规则的活泼序列，点燃整个空间的轻盈律动，长排向阳的木百叶过滤杂乱街景，只留下柔和的光缓缓逸入。

E 使用效果 Fidelity to Client

二楼是屋主独享的静谧空间，局部架高地面的日式卧铺，佐以西式的沙发摆设，展现文明混搭的静态和谐之美，侧面墙上点缀着立体感十足的世界地图，这是整个设计团队花了很多心思，以飞机木加上等高线堆栈法，一刀刀雕凿而成的装置艺术，别出心裁的诠释，也象征着屋主无远弗届的事业版图。

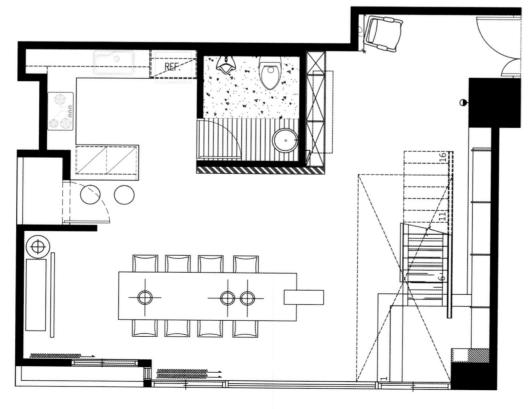

平面图

夹缝中的家
HOME IN THE CREVICE

项目名称 _ 夹缝中的家 / 主案设计 _ 王平仲 / 参与设计 _ 沈顺权 / 项目地点 _ 上海市虹口区 / 项目面积 _58 平方米 / 投资金额 _32 万元 / 主要材料 _ 大理石、铁件等

A 项目定位 Design Proposition
"夹缝中的家"为公益性的设计，以人为本的设计理念，除了希望能改善委托户的生活空间，更希望能让更多的平民百姓相信设计的力量。

B 环境风格 Creativity & Aesthetics
这不仅仅是一栋见证了上海历史的老房子，它还承载了周家的兴衰、悲欢离合和夹缝中求生存的意志。因此，除了在改造房屋中注入"阳光、空气、水"的设计概念以维护人在空间中生存的基本尊严之外，旧物利用成了此次设计最重要的一项挑战，将原本不堪使用的建材转换成装置、家具和记忆留存于周家，这会是链接人与建筑、人与历史、人与未来之间的对话。

C 空间布局 Space Planning
改造以建筑结构加固作为开始，将房屋内老旧、不堪使用的青砖墙和木楼板依次拆除，并以钢结构加固三面砖墙，将一层空间的地基垫高，除了防止雨水倒灌，抬高的地基做了防水处理避免潮湿之外，天井和屋顶的排水可直接藉由垫高的地基顺利排出室外；一层入户门一分为二，将彼此纠缠的两户空间从入口大门处即彻底切割分离；改善居住空间的物理环境，将原本只有在建筑正立面的一面微弱采光改造成四向度的采光，分别为正立面的整面玻璃墙、三层局部屋顶改为玻璃天窗，加上了天棚帘避免了白天阳光的曝晒、利用斜屋顶和平屋顶之间的缝隙产生一片采光窗，使得小孩卧室增加一处采光点、天井经过计算太阳轨迹和光照时间移位至最科学合理的采光点，使得一至三层的室内空间获得最大的自然光照，天井的移位也使得房屋产生了南北向通风对流；两户住家皆配置独立的楼梯，考虑到委托人行动不便，因此另加设一组液压电梯于委托户住宅内，方便委托人和年老的父母亲能安全上下不同楼层；感情不睦的两户在空间上被一分为二，希望这彼此的距离能产生美感。

D 设计选材 Materials & Cost Effectiveness
旧物利用，带给委托户"家"的设计。选用优质的木地板、乳胶漆、清漆，环保健康。使用轻薄的陶瓷薄板为地面和墙面材料以节约空间。

E 使用效果 Fidelity to Client
彻底改善委托户的居家环境，改善邻里关系，给需要帮助的广大民众一个示范案例。

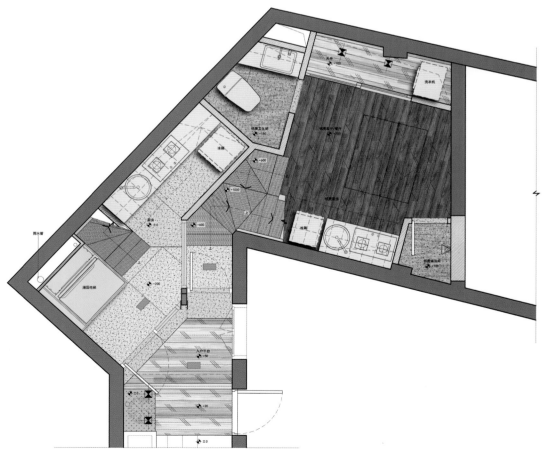

一层平面布置图

生活 & 态度
LIFE & ATTITUDE

项目名称 _ 生活 & 态度 / 主案设计 _ 蒋沙君 / 参与设计 _ 王琛、王昕昕、陈钟 / 项目地点 _ 浙江省宁波市 / 项目面积 _ 300 平方米 / 投资金额 _ 80 万元

A 项目定位 Design Proposition

如今的生活有点"过于热闹"，人人都忙，人人都埋在手机的世界里。当下"家"的概念已经越来越模糊，家是一种精神，它指引着我们该如何生活。设计的核心思想是生活的态度，家对于我们而言，并不在乎它有多美，而是它是否能带来归属感。它的理想状态就是可以很自如地呆上好几个礼拜不出门。

B 环境风格 Creativity & Aesthetics

整体空间以简约、素雅为主色调，加入局部搭配的软装配饰，使整体空间雅致中更加精致。

C 空间布局 Space Planning

空间的布局以开放式为主，设计师希望通过每个功能区域的串联，增进人与人之间的交流。富丽堂皇的时代已经过去，在这个浮躁的社会里，我们需要真正属于自己的生活。公共区域每一处角落都可以随意地坐下，或安静地看会儿书，或和自己最亲密的人喃喃细语。生活本该如此，不需要过多的精彩，但总能让你感动。正午，烧好美味的饭菜，仿佛墙壁上的"马儿"也嗅出了阵阵扑鼻而来的香味。对饮食挑剔的态度也成了生活中不可或缺的一部分。酒足饭饱之后，闲暇无事，坐在沙发上观赏露台刚买回的植物，或许在以后的日子里它的小伙伴会不断增多。生活的状态就是这么千变万化，对于空间并不一定要将它填满，在时间的岁月里，我们可以不断添加自己喜欢的物件，让它成为家庭的一员。楼梯在空间里并不只是走动的贯穿点，繁琐的工作之余，停下脚步，盘坐在楼梯上，不经意透过如雨丝般的钢索欣赏暗藏柜体上的艺术作品。或许能带给你一些不同意义的生活领悟。家也需要"分享"；周末，老友聚会，步入二楼的茶室，虽然不大，但却不失精致。侃侃而谈之余品一口清茶，伴随着琴声，时间仿佛凝固一般。

D 设计选材 Materials & Cost Effectiveness

软装品牌上以舒适、时尚、美观、实用为主。

E 使用效果 Fidelity to Client

清晨的一缕阳光，唤醒了崭新的旅程。一个懒腰、一杯热咖啡，依依不舍家的感觉，投入到充实的一天中。对了，出门别忘了整理一下着装。夜幕到来，四周很宁静，蛙声有节奏地谱写着美妙的曲子，端坐在书房中，记录一天愉快充实的生活。夜，依然很宁静，宁静到只剩下皎洁的月光，闭上眼期待美梦的到来。生活的态度就是如此，简单并不华丽，却能铭记于心。

一层平面布置图

Villa

别墅空间

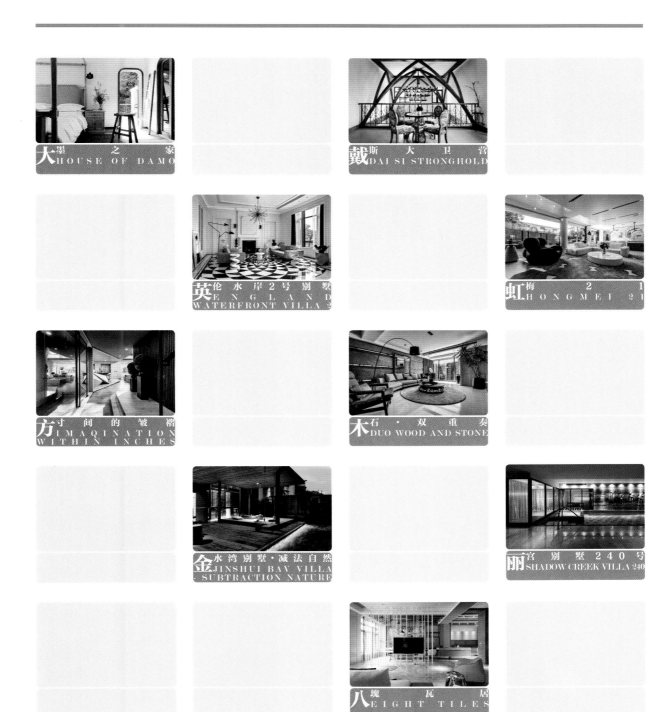

大墨之家
HOUSE OF DAMO

戴斯大卫营
DAI SI STRONGHOLD

英伦水岸2号别墅
ENGLAND
WATERFRONT VILLA 2

虹梅21
HONGMEI 21

方寸间的皱褶
IMAQINATION
WITHIN INCHES

木石·双重奏
DUO WOOD AND STONE

金水湾别墅·减法自然
JINSHUI BAY VILLA
SUBTRACTION NATURE

丽宫别墅240号
SHADOW CREEK VILLA 240

八块瓦居
EIGHT TILES

大墨之家
HOUSE OF DAMO

项目名称 _ 大墨之家 / 主案设计 _ 叶建权 / 参与设计 _ 杨趋 / 项目地点 _ 浙江省杭州市 / 项目面积 _ 320 平方米 / 投资金额 _ 160 万元 / 主要材料 _ 石头等

A 项目定位 Design Proposition
这是一个老屋改建，房子坐落在山上，供平时我们公司开派对或朋友聚会，并且一两个房间对外收揽游客，设计师在设计上考虑更多的是怎样将房子与外围自然融合起来。

B 环境风格 Creativity & Aesthetics
在用材上提倡自然、环保、可循环的理念。

C 空间布局 Space Planning
在结构上也要做到可循环，让整个空间更加自由开放，整条楼梯与燕子吊灯贯穿整个空间，让它变得更有趣味。

D 设计选材 Materials & Cost Effectiveness
可以就地取材，比如采用后院的石头，设计师做了石头壁灯、石头切片展示架、石头壁炉等。

E 使用效果 Fidelity to Client
多次登上杂志及一些微网站进行推广。

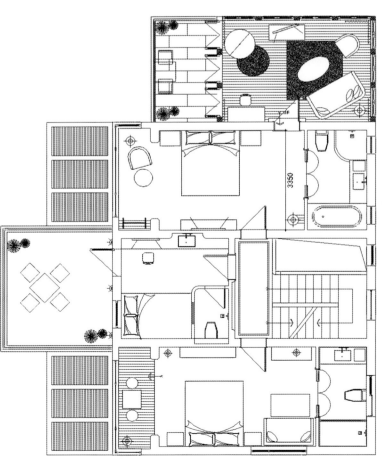

二层平面图

戴斯大卫营
DAI SI STRONGHOLD

项目名称 _ 戴斯大卫营 / **主案设计** _ 梁瑞雪 / **项目地点** _ 重庆市九龙坡区 / **项目面积** _ 500 平方米 / **投资金额** _ 200 万元 / **主要材料** _ 仿古砖、质感漆、文化石等

A 项目定位 Design Proposition

本项目是一企业老总在仙女山上的度假别墅。原建筑是两套双拼别墅，现将其改造为一套独栋别墅。业主要求的功能是休闲、度假，在具有普通住宅应该有的功能以外，还要有接待、会议、洽谈、娱乐等具有企业会所性质的功能。

B 环境风格 Creativity & Aesthetics

为达到业主的要求，我们对原始结构进行了大幅度的改造。一层的功能为接待，我们全部安排为开敞空间，包括餐厅厨房也都具有接待功能。我们根据业主的生活习惯和工作习惯，组织的动线是使用频率和开放程度层层递进，以此为依据安排各个功能区。二层为半开放空间，设置了会议室和娱乐室。三层四层为卧室，因为兼具接待客房，所以参照酒店客房设计标准充分考虑了功能性私密性等问题。

C 空间布局 Space Planning

因为是度假别墅，在风格定位上我们首先倾向于轻松、随意、清新自然。同时业主领导的企业是重庆市房地产销售行业的冠军，锐意进取、"狼性"十足，既然这栋别墅要兼具企业会所的功能，我们就要在其中加入坚毅、阳刚的企业精神。基于这些想法，我们打造的是一个混搭的空间。硬装比较简单，是开放和包容的，让轻松休闲、坚毅阳刚能在其中和谐共存。当然简单之中其实是有很多复杂的考虑的，如拱券的形式、窗型样式、室内外对景关系等等。为了使挑高的客厅顶面有视觉焦点，用木梁弯曲成拱形屋架，使空间稳定。除此之外很少有其他无意义的造型，只有各卧室有一些造型，是为了隐藏结构大幅度拆改后出现的短支柱、大梁等建筑构件。

D 设计选材 Materials & Cost Effectiveness

硬装的选材也比较简单，主要是仿古砖、质感漆、文化石等，都是便宜且防潮的材料（仙女山上湿度较大）。软装是考虑更多的部分，我们想要在多种因素（度假、坚毅阳刚的企业精神、欧式建筑外观、当地地域特征等）及其影响中，找到一个平衡点，同时体现出轻松、粗犷、清新自然、品位，还要受制于极低的预算。我们选择的都是带有轻 loft 风格的产品，钢铁、做旧木材、仿石材、铆钉皮革等粗犷厚重的材质成为主流，但同时又要考虑到其他或柔软温暖或通透轻盈的材质与之搭配，使空间感觉不至于太单一。

E 使用效果 Fidelity to Client

业主很满意。

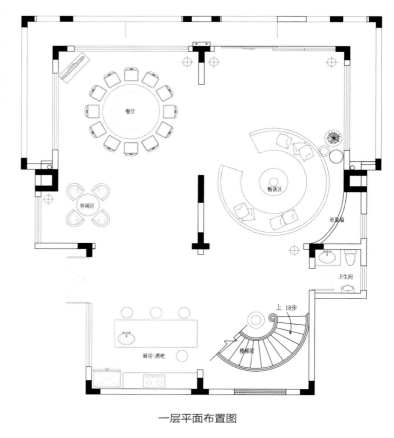

一层平面布置图

英伦水岸 2 号别墅
ENGLAND WATERFRONT VILLA 2

项目名称 _ 英伦水岸 2 号别墅 / **主案设计** _ 葛晓彪 / **项目地点** _ 浙江省宁波市 / **项目面积** _580 平方米 / **投资金额** _510 万元

A 项目定位 Design Proposition
黑格尔说"想象是一种杰出的本领。"正如跨界设计师葛晓彪，对于设计始终执着于原创的个性，以打造时尚、经典、高雅的设计思路来"品读"别墅。

B 环境风格 Creativity & Aesthetics
这幢英伦格调的别墅，以经典潮流又带点轻奢华的品质来表达。在设计制作中奉行环保节能要求，将很多原生态的材料和智能系统融入其中。

C 空间布局 Space Planning
精美的门扉，将原本平淡的墙体无限地拉向远方，仿佛既在门里又在门外；客厅的背景以英国诗人拜伦勋爵的爱情诗歌作主题，通过精巧的木刻制作，呈现出犹如翻阅的书籍般立体效果，格外别出心裁；而二楼东边的卧室以紫色作为主色调，显得高雅性感，呈现了浪漫的造梦空间；西边的廊道以大面积藏蓝色饰面碰撞玫红色的壁柜，强列的对比效果让人兴奋；深色调的休闲厅显得那么安静，当你坐在白色的沙发，喝上一杯咖啡，看看窗外的美景，会产生无限的遐想……

D 设计选材 Materials & Cost Effectiveness
他对每一处空间，每一个创作，每一丝微小细节都没有放过。好多的家具和道具都是设计师亲手设计与制作，是那么的独一无二，身处其中细细品味，仿佛置身在异国世界，讲述了一种别样的精致生活。

E 使用效果 Fidelity to Client
他的每一处空间，每一个创作，每一丝微小细节都没有放过。好多的家具和道具都是设计师亲手设计与制作，是那么的独一无二，身处其中细细品味，仿佛置身在异国世界，讲述了一种别样的精致生活。

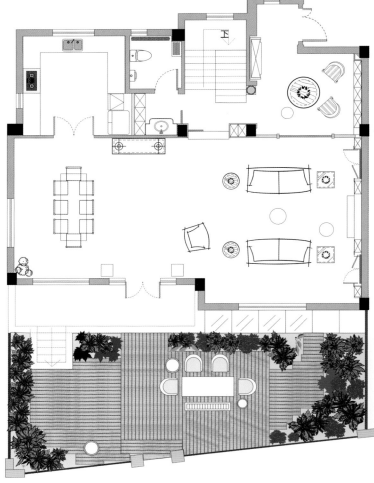

一层平面布置图

虹梅 21
HONGMEI 21

项目名称 _ 虹梅 21 / 主案设计 _ 孙建亚 / 项目地点 _ 上海市闵行区 / 项目面积 _420 平方米 / 投资金额 _700 万元 / 主要材料 _ 爵士白大理石等

A 项目定位 Design Proposition
这是一个老别墅改造项目，整体设计包含了建筑外立面改建部分。这样一种从外观一直延伸至室内的整体设计方案，正是设计师最期待的。

B 环境风格 Creativity & Aesthetics
从户外景观、建筑，一直到室内，极简的精神必须一气呵成，没有间断及多余的装饰。外墙窗户成为设计过程中非常重要的一环，所以尽可能地扩大窗户的范围，并且避免出现一切多余的框线，把所有外墙窗框预埋隐藏在建筑框架内，达到室内外没有界限。

C 空间布局 Space Planning
本案业主背景为境外时尚广告创意人，业主崇尚极简主义。一栋有着二十年屋龄的坡屋顶别墅，要改造设计成极简的建筑风格，是对设计师极大的挑战。设计师对建筑及外立面进行了较大的修改，把原有的斜屋顶拉平，并且把外凸的屋檐改建为结构感很强的外挑，并以方盒为基础的设计理念，重新分割成功能性较强的露台或雨篷，既增强了建筑的设计感，又增大了空间的实用性。总结而言，设计师通过对原有建筑结构的分析、剖切、取舍、重组，最终以达到满足业主的极简主义需求。

D 设计选材 Materials & Cost Effectiveness
在室内部分，设计师剔除了一切多余的元素及颜色，利用墙面的分割达成空间的使用机能。不同角度倾斜的爵士白大理石拼接，成为空间的主角，同时，它作为突出家具空间的背景，又不会过于张扬。成功地精致化了材料细节，但又不会过分地分散空间注意力，从而让视觉均匀地停留在整个空间内。室内多处利用了建筑的手法，客厅电视墙利用吊顶灯沟形成的间接光，延伸至墙面开槽通往户外，独立了左侧电视墙的块体。在右侧，设计师利用了黑色不锈钢书架成功地分割挑空区与电视墙的界面。屋内所有房间均未使用门框，仅利用墙面的分割来完成并隐藏功能性较强的门片，楼梯间的光线设计成内嵌在墙面，大小不一的气泡，有种拾级而上的互动，并与外立面协调一致。

E 使用效果 Fidelity to Client
整体设计秉持了国内少有的极简主义风格，简化了因功能而装饰的多余造型，材质及线条，但为了避免太过直白而带来的空洞，与其摒弃所有，不如给焦点添加一点细节及贯穿空间的特征，让设计更具有感染力。

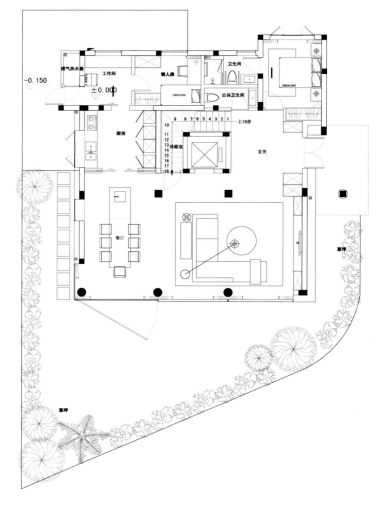

方寸间的皱褶
IMAQINATION WITHIN INCHES

项目名称 _ 方寸间的皱褶 / **主案设计** _ 邵唯晏 / **项目地点** _ 台湾桃园县 / **项目面积** _1100 平方米 / **投资金额** _300 万元 / **主要材料** _KD、金属烤漆、木格栅等

A 项目定位 Design Proposition

整体的设计理念承载了业主对于美学的独到喜好和企业识别。布料是一种演艺性很高，充满生命力的材质，透过不同的外力会产生出皱折，进而生成有机的肌理形变，方寸间演译出无限的可能。

B 环境风格 Creativity & Aesthetics

我们透过有机、非线性、抽象的写意风格，创造了具有动感韵律、似地景、似装置、似墙体、似软装陈设的空间对象群，进而转译编织成一种超现实的诗意空间。因而我们在空间中的许多角落都置入了这样展演性高的"空间对象"，散布在整栋建筑空间中，打破空间的主从关系，即使在最不重要的顶楼楼梯间角落，一样会会觅寻到惊喜，生活的趣味就应该散布于整体的空间，透过单点对象的置放，串连后让空间充斥着叙事性的风格。

C 空间布局 Space Planning

电视墙经过大量的讨论，业主为了艺术同意牺牲了二楼地板的面积，我们打开了二楼的楼板，创造出一个挑高八米的开放公共空间。在空间中置入了一个大尺度的空间对象(object)，每天夕阳的余光透过云隙洒落在这块"布料"上，和皱褶肌理上演了一场光影秀，像是在叙说着许多的故事，映射感染了整个空间。然而，除了结合电视墙的机能外，也企图藉此空间装置述说着空间场域的精神，同时也承载了业主自身专业领域的企业隐喻。

D 设计选材 Materials & Cost Effectiveness

沙发位于一楼的会客室的座椅设计也是量身订作，是一座充满动感有力度的曲面皱褶，在蜿蜒细碎的皱褶中找寻东方书法的柔情姿态，在沉静的会客室空间中恣意展现姿态，同时也加入了书法抛筋露骨、柔中带刚的线条，在具备了西方抽象艺术的现代表现基础上，也充满东方书法线条的动态语汇，期望使用者在空间中凝神静思之时，品尝这交替运行所形成具有律动美的造型艺术。

E 使用效果 Fidelity to Client

使用效果非常好。

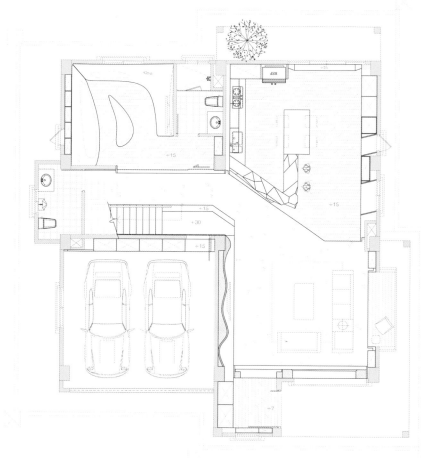

木石·双重奏
DUO WOOD AND STONE

项目名称 _ 木石·双重奏 / 主案设计 _ 吴金凤 / 参与设计 _ 范志圣 / 项目地点 _ 台湾省桃园县 / 项目面积 _180 平方米 / 投资金额 _100 万元 / 主要材料 _ 木、石类等

A 项目定位 Design Proposition
流畅动线、简洁清透的介质处理，以及低调但不附和一时流行的优质素材搭配，完成居室必要的洗炼风格和机能定义，同时借由内外不受限的光景呼应。赋予空间稳定、精致、的包容力，特别是放眼所见垂直与水平线条间，灵活交织的力与美，精心勾勒和谐比例，重现细腻无比的现代工艺！

B 环境风格 Creativity & Aesthetics
化繁为简，维持居宅的恒定色温，让使用者一回家就能感受纾压、疗愈的舒适氛围。

C 空间布局 Space Planning
整体规划上善用复层楼面特色，逐一安排主题鲜明的生活、娱乐机能。一楼前段为宽敞车库，后段规划雅致的起居厅，二楼则是视野开放、通透的客、餐厅。

D 设计选材 Materials & Cost Effectiveness
大量使用木、石类素材整合全宅色温，为空间凝聚浓郁的休闲自然感，也施展精湛的现代工艺，勾勒生动的景深层次与细节美感柜台与洽谈区，专用及隐密区域以木皮墙面收束在后。

E 使用效果 Fidelity to Client
全案软硬件的搭配，服膺洗炼、人文为上的时尚美学，强调立面与介质一致细致、简约的线条架构，以及散见于空间各处的工艺精华，精致地洗涤感官。

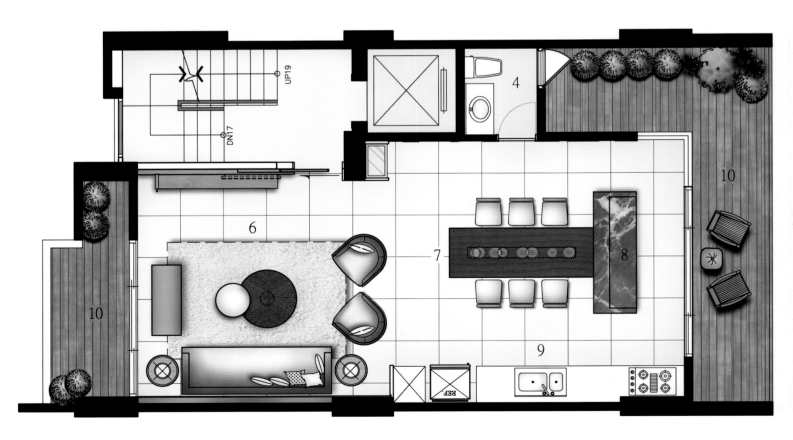

金水湾别墅·减法自然
JINSHUI BAV VILLA - SUBTRACTION NATURE

项目名称 _ 金水湾别墅·减法自然 / **主案设计** _ 尼克 / **项目地点** _ 江苏省苏州县 / **项目面积** _ 450 平方米 / **投资金额** _ 300 万元 / **主要材料** _ 铁板、木材、原石等

A 项目定位 Design Proposition
本案是一个私人别墅设计改造项目。坐落于苏州金鸡湖畔,有着得天独厚的优越地理条件,藏匿于幽静的湖水之中,坐拥山湖美景。这纯美的景致也触动了设计师的神经,成为本案灵感的源泉——"人与自然的和谐,赋予室内自然而有质感的生命",为身处此空间的人创造一种"绚烂而平淡"的生活方式。

B 环境风格 Creativity & Aesthetics
在空间的处理上,我们尽量做到使其通透,创造视线延伸的最大化,连接室内外景致。带动居住者的感官情绪,打开视觉、听觉,让居住者用全身心去感受空间、气味、质地、形状和色彩。而每层精简后的会客空间,都根据其功能赋予它最契合的主题。

C 空间布局 Space Planning
我们适当地消解建筑室内和室外的强烈分割感,创造灰空间和庭院,在这样的流动空间的周围,房子不再是一个个孤立静置的容器,而是在同一个有机建筑体里担当一个个可呼吸的角色。

D 设计选材 Materials & Cost Effectiveness
选材上面充分利用环保材料以及价格相对低廉常用材质让铁板的锈迹、木材的痕迹、原石的苍凉去诉说生活的时光。

E 使用效果 Fidelity to Client
人们往往依赖知觉、想象,而往往忽略了事物的本真。而空间却只能在时间线中体验,当人在室内外穿行和生活,就像音乐开始播放,起承转合、轻重缓急、朝暮晨昏、四季变换……能历经光线和时间考验的,才是真正美而实用的"家"。

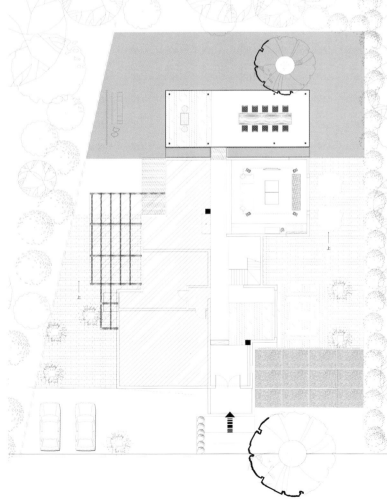

丽宫别墅 240 号
SHADOW CREEK VILLA 240

项目名称 _ 丽宫别墅 240 号 / 主案设计 _ 邹子琪 / 参与设计 _ 梁锦驹 / 项目地点 _ 北京市朝阳区 / 项目面积 _1020 平方米 / 投资金额 _1421 万元 / 主要材料 _ 木、石类等

A 项目定位 Design Proposition
丽宫别墅位于首都国际机场高速公路沿线的低密度别墅豪宅区，为区内著名新生代顶尖豪宅别墅，别墅建筑以典雅和格调堂皇的欧陆风格设计，面积约 880 平方米，楼高四层。设计师以现代时尚的概念，锐意为年青贵族的户主体验非凡气派的舒适居住空间。

B 环境风格 Creativity & Aesthetics
屋主与生俱来的品味触觉，喜爱追求法国高尚的时尚、奢华风格，对于时尚生活也有其独特的见解。别墅随着屋主的表里一致的性格，呈献法式生活中富奢华、多层次的时尚品味。以"法国时尚"为设计蓝本的家居，现代时尚设计风格为基调，加入工艺精湛、颇具质感的色调材质，营造出时尚、有品味、独特奢华的时代典雅法式风格

C 空间布局 Space Planning
玄关入口开始，玄关面向特色室内阳台，利用特色花格拼花加上精细大理石拼花图案地台，营造出一个豪华而立体的空间，还有极富气派的大型旋转梯及精细的立体主题墙。主题墙上香槟金属花格、全屋以米白、白色为主调，加上香槟金色材质作点缀，融入了现代气息及空间美感，巧妙地带出奢华而温馨的感觉。餐厅设计方向与整体一致，香槟金色立体金属花格特色墙身、拼花图案与起居室主题墙互相呼应，巧妙地将空间串连展开。

D 设计选材 Materials & Cost Effectiveness
整体设计优雅细腻，充满时尚气派及充满屋主的个性，精致的饰材及物料配搭下，能充分突显"法国时尚"的风格。主卧室以一贯米白色皮革及特色玻璃墙为焦点，配合木色地台，再加上活动地毯、温馨同时亦不失优雅气质，以大型独立衣帽间衬托出法国与时尚不可或缺之特质。卫生间采用具话题性 Maier 品牌之龙头作点缀，优雅曲线设计加上了 Swarovski 水晶注入更多高贵元素，更添品味奢华的格调。

E 使用效果 Fidelity to Client
很满意。

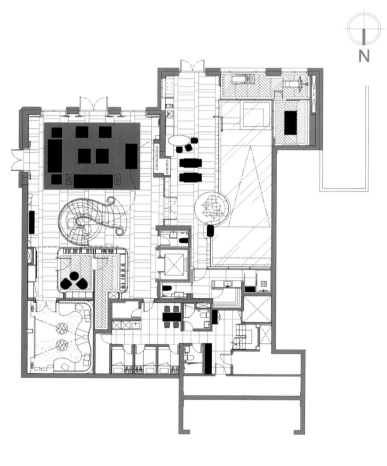

八塊瓦居
EIGHT TILES

项目名称 _ 八塊瓦居 / **主案设计** _ 凌志漠 / **项目地点** _ 台湾桃园县 / **项目面积** _ 400 平方米 / **投资金额** _ 600 万元 / **主要材料** _ 大理石、磁砖、木料等

A **项目定位** Design Proposition
这是一个以台湾庶民文化为背景的设计概念，常民性的设计语汇及人文元素充分表现出台湾农村时代的草根文化。

B **环境风格** Creativity & Aesthetics
将居住者的记忆想念加以延伸，经过意念的转化让私人住宅空间能够达到记忆的延续与传承。设计手法以表现生活本质为背景，力求生活的原始价值，人文记忆可以带给空间喜悦的演译，新旧对比的融合更让空间赋有生活禅意。像是凝聚了时间的长轴，让空间有了人的记忆。

C **空间布局** Space Planning
灵活的起居空间与卧室空间重置与选置手法，共显空间灵活性，处处都是幸福的可能。生活在这里自然产生。

D **设计选材** Materials & Cost Effectiveness
大理石、磁砖、木料，尽量灰色系为主表现质朴风格。

E **使用效果** Fidelity to Client
这是一个以台湾平民文化为背景的设计概念，平民的设计语汇及人文元素充分表现出农村时代的草根文化。将居住者的记忆想念加以延伸，设计手法以表现生活本质为背景，力求生活的原始价值，人文记忆可以带给空间喜悦的演译，运用现代手法新旧的融合更让空间赋予生活的禅意。像是凝聚了时间的长轴，让空间有了人的记忆。

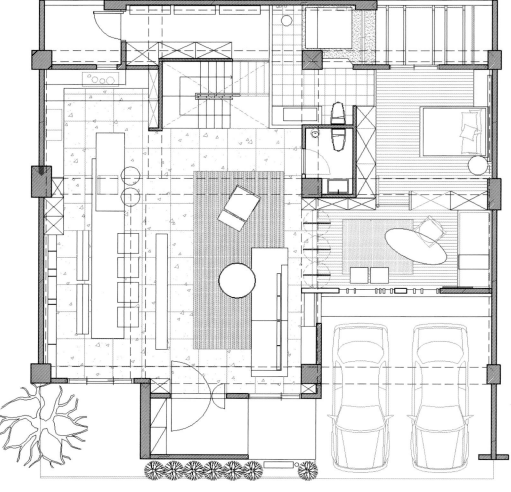

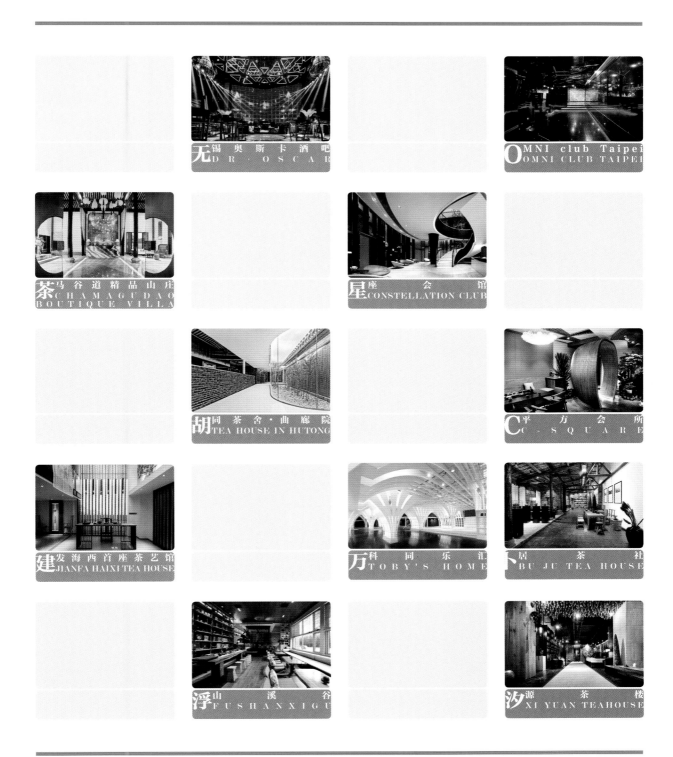

无锡奥斯卡酒吧
DR·OSCAR

OMNI club Taipei
OMNI CLUB TAIPEI

茶马谷道精品山庄
CHAMAGUDAO
BOUTIQUE VILLA

星座会馆
CONSTELLATION CLUB

胡同茶舍·曲廊院
TEA HOUSE IN HUTONG

C平方会所
C-SQUARE

建发海西首座茶艺馆
JIANFA HAIXI TEA HOUSE

万科同乐汇
TOBY'S HOME

卜居茶社
BU JU TEA HOUSE

浮山溪谷
FUSHANXIGU

汐源茶楼
XI YUAN TEAHOUSE

无锡奥斯卡酒吧
DR·OSCAR

项目名称_无锡奥斯卡酒吧 / **主案设计**_陈武 / **项目地点**_江苏省无锡市 / **项目面积**_5000 平方米 / **投资金额**_5000 万元 / **主要材料**_欧式灯具、帘幕布艺、钢、大理石、水泥漆等

A 项目定位 Design Proposition
全球首家剧院式夜店 Dr·Oscar，由新冶组设计联手诺莱仕集团倾力打造。独创剧院式酒吧，演绎 5000 平方米超视觉空间。高科技的声光电控制和别具匠心的舞台创意设计，带来颠覆性的都市夜生活体验。

B 环境风格 Creativity & Aesthetics
Dr·Oscar 是设计师团队首次对剧院灵感夜店的延展，把剧院形式运用到酒吧空间设计之中，将酒吧空间格局与剧院装饰元素结合碰撞出全新的面貌，赋予夜店空间以剧场般恢弘的气势。为单一乏味的夜生活方式注入多元的文化娱乐与审美情趣，满足人们对夜生活无限美好的憧憬。

C 空间布局 Space Planning
在大厅布局中，设计师大胆废除惯常设计套路，以夸张的风格和色彩鲜艳的美学取向，赋予美以戏剧感，突破传统玩店模式。科技的发展为人们的娱乐方式带来越来越多的选择，也为娱乐空间设计带来更多可能性。"三维舞台"的设置，颠覆常规三维灯阵概念，200 平方米的 3D 全息投影，实体与虚拟跨空间呈现，带来剧院式的震撼演绎。

D 设计选材 Materials & Cost Effectiveness
材质与色彩的强烈反差是 "Dr·Oscar" 设计中的一大亮点。包房与走廊空间以黑白灰色系为基调，局部出现跳跃的色彩来活跃空间氛围，视觉上造成强烈的冲击。而公共空间的陈设色调则以典雅的金色和红色为主。精致的欧式灯具与巨型帘幕布艺，协调钢结构的冰冷硬朗，带来温暖而尊贵的体验。古雅的大理石地面与做旧水泥漆墙面，以材料差异制造质感反差，原始肌理展现时尚品味。

E 使用效果 Fidelity to Client
"Dr·Oscar" 是品味与创造力的巧妙嫁接，以挑战极限玩乐为理念，在有限的空间将娱乐体验最大限度地进行放大，一张一弛之间将酒吧设计带入崭新的维度。

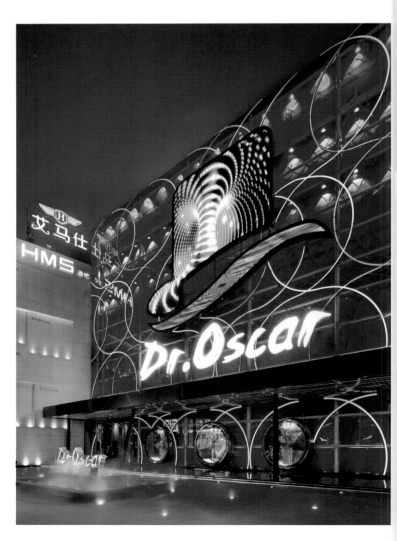

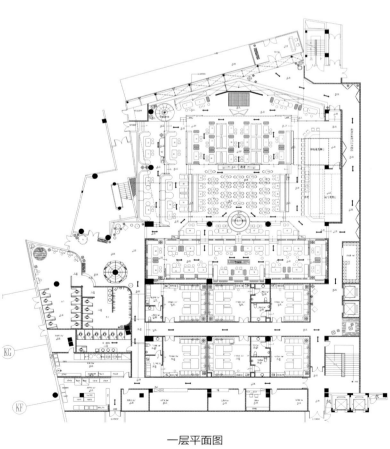

一层平面图

OMNI club Taipei
OMNI CLUB TAIPEI

项目名称 _OMNI club Taipei / 主案设计 _ 张祥镐 / 参与设计 _the LOOP Inc. / 项目地点 _ 台湾台北市 / 项目面积 _2500 平方米 / 投资金额 _2000 万元 / 主要材料 _ 旧砖、旧木、纯棉布织品等

A 项目定位 Design Proposition

OMNI，区区四个字母，却涵盖了天地四方魅力，包罗万象。OMNI 一字源于拉丁文，有万象、全能之意，无非是认为唯有这个字能将这个场所包罗万象、无奇不有的魔力表现出来。

B 环境风格 Creativity & Aesthetics

每一个点光源都敲击着你，彷佛他们是刚从银河生命源头里诞生出来。"光"是人类生存必要因子，是种以恒久的规范穿梭在空间的空与实、疏与密、近与远的安置，是光线流窜与实体间相互运转，在心中、也在画面，囊中有物，物中有光，如处在大千世界，相融相知。

C 空间布局 Space Planning

创意，无懈可击。有趣的是，OMNI 一字的意思还不仅此而已；它还是个字根。就如同一块海绵，跟不同的字义结合起来，更能相互激荡出琳琅满目的惊喜。OMNI 好比一座宝库，在智者眼中它便是无所不知的、在能人面前它则是无所不能的；一但包容了天地万物，它更是无奇不有、无所不在的。藉由 OMNI 以层出不穷的创意，彻底实现"万象包罗"的魔幻意象。

D 设计选材 Materials & Cost Effectiveness

精彩，无所不在。除了目炫神迷撼动人心的视觉效果之外，声音更是 OMNI 刁钻苛求至死方休的细节。OMNI 领先全球采用了风靡派对圣地 Ibiza 各大俱乐部，令业界趋之若鹜的 VOID Acoustics 音响系统顶级旗舰 Incubus 系列。VOID 系统的设计规格宛如超级跑车，坚持纯手工打造自然不在话下，钢琴烤漆处理下的烈焰红更是让她在放声前就获得满室目光。

E 使用效果 Fidelity to Client

【台北夜生活新势力 OMNI】2015/05/20 是台北新夜店 OMNI 的开幕。LUXY 原址改装并融入更高规格的元素，已经接轨国际成为亚洲时尚夜生活指标。您一定要实际走访，体验一下 OMNI 所带来的视听飨宴。

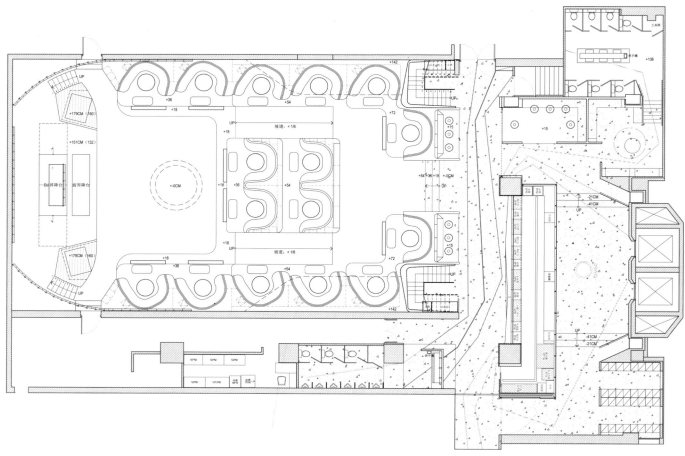

平面图

茶马谷道精品山庄
CHAMAGUDAO BOUTIQUE VILLA

项目名称_茶马谷道精品山庄 / **主案设计**_李财赋 / **参与设计**_赵铁武、胡荣海、郑裼君 / **项目地点**_浙江省宁波市 / **项目面积**_800平方米 / **投资金额**_350万元 / **主要材料**_画等

A 项目定位 Design Proposition

业主择业于此，出于他的田园情结，包括厂房及周边拿下了300亩山林，没确切地定位到底是做什么，隐约中就是觉得应该有个地方，有山、有水、有田、有饭吃、有茶喝……我听之。总结之，这就是当下所说的"回归"吗？回到一种自然的生活方式"农夫山泉有点甜"。

B 环境风格 Creativity & Aesthetics

东吴镇有一句宣传语叫"禅意天童，醉美东吴"。这句话让我联想到古人饮酒赋诗的雅景，这种文雅的、健康的生活方式是可以引导的。一种诗意的空间、禅意的氛围、静思的状态在我脑海里浮现！

C 空间布局 Space Planning

因为是改造项目，所以有所局限，但也正是因为这平面局限，才会感叹设计的不平凡，改建最大的原则就是因地制宜，保留一些岁月的印记。其次是解决动线问题，原通道的狭小，采光差导致的一些问题，把过道九十公分高的窗改为落地窗，向外凸出，又把外景引入，又通过打开的方式让过道更有节奏感，也让过道有了另一种意境，大堂入口进行移位与改建，放在庭院入口处，移的目的是增长浏览路线，让人在移动中通过通道与窗户的转达感受光影、室外风景的变化，大堂的设计更多结合休闲书吧的概念，让空间具有文人气质，休闲区后的窗户整体落地打开，可以开门见景，内景与外景的结合使人更加陶醉。主背景的字体是"茶马谷道"几个字的分解，就似乎有人在微醉的状态下不经意打碎了酒落于此，增添了几份诗意。

D 设计选材 Materials & Cost Effectiveness

选材考虑本土化，环保，节能。整体空间采用减法形式，用生态观的手法去营造，大量留白是让人静思，联想。空间最大的装饰就是陈家冷先生的画，色彩、意境、人文，与此情此景真是稳稳的相融。

E 使用效果 Fidelity to Client

运营成为当地的一个亮点，也被当地政府作为生态改造的样板，而且政府也把项目周边的200多亩土地作为配套指标，二期考虑民宿项目，成为一个示范项目。而且还争取到一些补助资金！

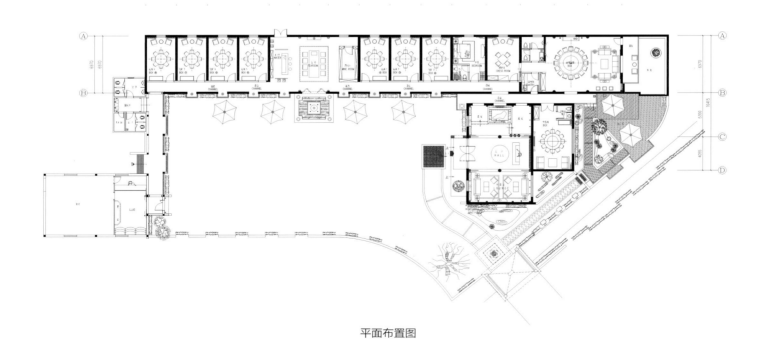

平面布置图

星座会馆
CONSTELLATION CLUB

项目名称 _ 星座会馆 / 主案设计 _ 梁锦驹 / 参与设计 _ 许学盈 / 项目地点 _ 四川省成都市 / 项目面积 _1650 平方米 / 投资金额 _2300 万元

A 项目定位 Design Proposition
成都环球广场中心住宅发展项目天曜，乃成都中心区内指针性的项目。贯切整个项目高品位国际级都会精品酒店概念，设计师精心打造一所空间及视觉比例无缝配合，材质及细部精练，休闲康乐设施齐备的高级会所项目，为项目内的住户提供休闲康乐设施。

B 环境风格 Creativity & Aesthetics
整个住宅发展项目共包括十栋住宅塔楼，建筑布局每栋朝向不一，充分发挥了地块的优势，提供了多面园林景观的创造，配合周边住宅建筑体的现代风格，着重空间与生活环境之交流，提升室内外空间与环景之交错效果，设计师以落地玻璃幕墙通透地将会所大堂与室外环境交融，于日间将自然阳光带进大堂，节能环保；于夜间让室内灯光引到户外，映照池中营造秀丽画面。

C 空间布局 Space Planning
会所建筑体相连第三栋和第四栋塔楼，包括地面和地下一层，两层共 1650 平方米的室内空间；配备宴会厅、休闲区、室内游泳池、健身房、儿童游乐室、阅读室、桥牌室等。会所的主要康乐设施如室内游泳池、健身房位于地面层南翼；北翼的宴会厅内可容立数十人，成为住户举行私人聚餐或大型宴会的理想空间，亦可按需要打开相连户外的玻璃门，在静静的户外休息区内把酒谈天。沿着旋转楼梯随随以下，进入地库，即儿童游乐室、阅读室、桥牌室等配备的所在。

D 设计选材 Materials & Cost Effectiveness
推门甫进，充满现代感的大堂简洁又不失大气，贯通两层的旋转楼梯配合悬垂空中的大型吊灯更成为耀眼的亮点，在镜子幕墙影照后，构成三维视觉的澎湃，展示了室内空间与建筑交错中的糅合，正好为"聚星会馆"点题。南翼的室内游泳池、健身房，设计师以玻璃幕场包围，拉近与周边景观的距离，增添运动时的乐趣；同在地面层，北翼的宴会厅延续内外和互通的特式，覆盖天花的大型水晶挂饰，与两旁的不锈钢装置互相辉影，配合自然柔和的色调及精炼的细部点缀；闪闪生光，气派非凡。

E 使用效果 Fidelity to Client
很好地服务了住户！

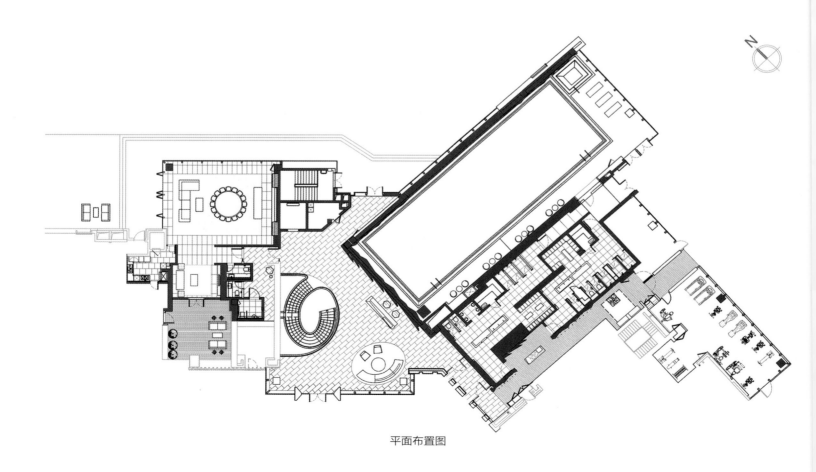

平面布置图

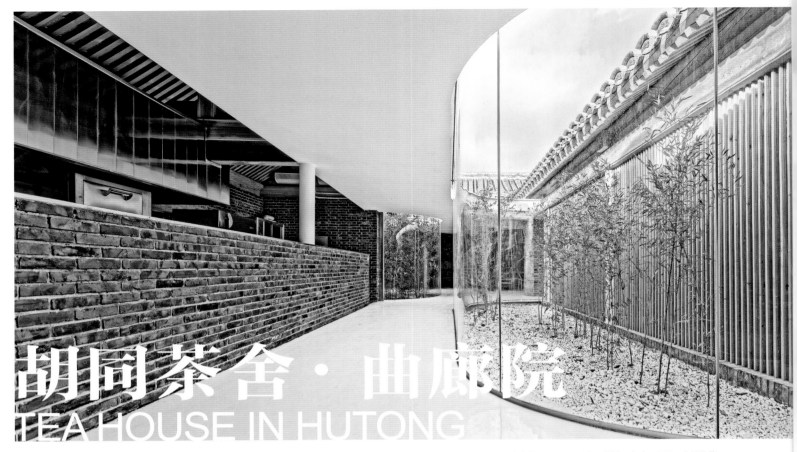

胡同茶舍·曲廊院
TEA HOUSE IN HUTONG

项目名称_胡同茶舍·曲廊院/**主案设计**_韩文强/**参与设计**_丛晓、赵阳/**项目地点**_北京市东城区/**项目面积**_450平方米/**投资金额**_300万元/**主要材料**_青砖、灰瓦、木结构等

A 项目定位 Design Proposition

旧城既包含着丰富的历史记忆,又包含着复杂的现实生活。历史建筑只有在不断地被使用中才能保持活力,而使用方式反过来又不断改变建筑。

B 环境风格 Creativity & Aesthetics

项目位于北京旧城胡同街区内,用地是一个占地面积约450平米的"L"型小院。院内包含有5座旧房子和几处彩钢板的临建。院子原本是某企业会所,后因经营不善而荒废。在搁置了相当一段时间之后,小院现在即将被改造为茶舍,以供人饮茶阅读为主,也可以接待部分散客就餐。

C 空间布局 Space Planning

整理和分析现存旧建筑是设计的开始。北侧正房相对完整,从木结构和灰砖尺寸上判断,应该至少是清代遗存;东西厢房木结构已基本腐坏,用砖墙承重,应该是七八十年代后期改建的;南房木结构是老的,屋顶结构是用旧建筑拆下来的木头后期修缮的,墙面与瓦顶都由前任业主改造过。根据房屋的年代和使用价值,设计采取选择性的修复方式:北房以保持历史原貌为主,仅对破损严重的地方做局部修补,替换残缺的砖块;南房局部翻新,拆除外墙和屋顶装饰,恢复到民居的基本样式;东西厢房翻建,拆除后按照传统建造工艺恢复成木结构坡屋顶建筑;拆除所有临建房,还原院与房的肌理关系。

D 设计选材 Materials & Cost Effectiveness

设计有一部分是翻建的,专门请来河北易县古建施工队,按古法施工的。材料有青砖、灰瓦、木结构。在传统建筑中,廊是一种半内半外的空间形式,它的曲折多变、高低错落,大大增加了游园的乐趣。犹如树枝分岔的曲廊从室外伸展到旧建筑内部,模糊了院与房的边界,改变院子呆板狭窄的印象。轻盈、透明、纯白的廊空间与厚重、沧桑、灰暗的旧建筑形成气质上的反差,新的更新、老的更老,拉开时间上的层叠,新与旧相互产生对话。曲廊在原有院子中划分了三个错落的弧形小院,使每一个茶室有独立的室外景致,在公共和私密之间产生过渡。

E 使用效果 Fidelity to Client

小院被改造为茶舍,以供人饮茶阅读为主,也可以接待部分散客就餐。就餐方面主要是"自助厨房":一桌好友可以自己做饭自己品尝,茶舍提供食材选购、配厨等其他服务,这种模式相当于出租厨房,提供场地和服务。目前正在试运营当中。

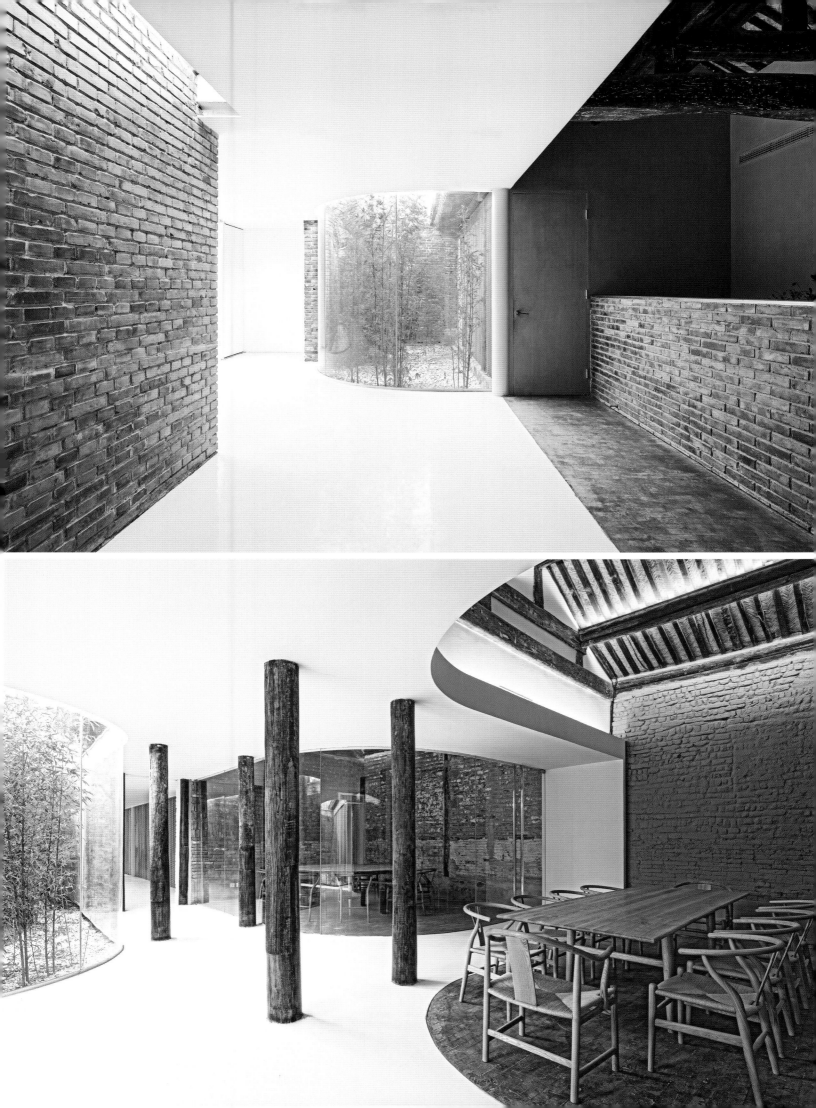

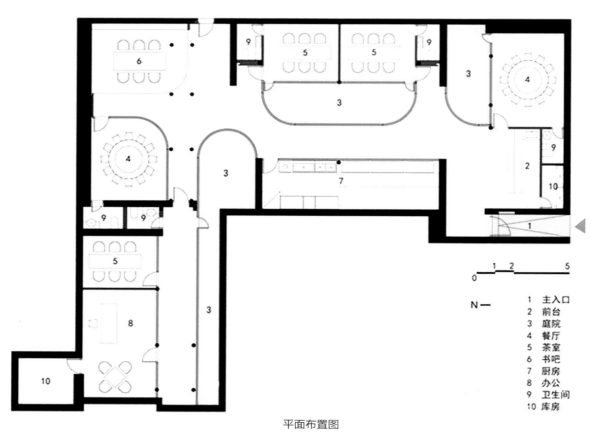

1	主入口
2	前台
3	庭院
4	餐厅
5	茶室
6	书吧
7	厨房
8	办公
9	卫生间
10	库房

平面布置图

C 平方会所
C-SQUARE

项目名称 _C 平方会所 / 主案设计 _ 孔魏躲 / 项目地点 _ 江苏省南通市 / 项目面积 _250 平方米 / 投资金额 _75 万元 / 主要材料 _ 原木、竹子等

A 项目定位 Design Proposition
需要找个地方静静的城市白领理想之地。

B 环境风格 Creativity & Aesthetics
现代简约略带禅意的空间。

C 空间布局 Space Planning
因为是在高档写字楼里的会所，进门处的玄关处理仿佛进入到与世无争的一方净土。

D 设计选材 Materials & Cost Effectiveness
原木做旧处理，竹子的创新应用。

E 使用效果 Fidelity to Client
在喧闹的城市中的一方净土。

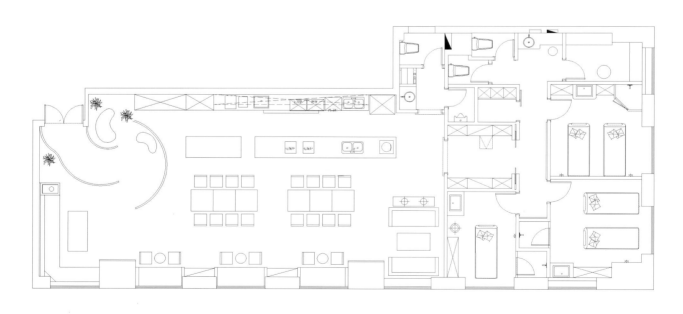

平面布置图

建发海西首座茶艺馆
JIANFA HAIXI TEA HOUSE

项目名称 _ 建发海西首座茶艺馆 / **主案设计** _ 张蒙蒙 / **项目地点** _ 福建省厦门市 / **项目面积** _160 平方米 / **投资金额** _100 万元 / **主要材料** _ 铁艺等

A 项目定位 Design Proposition
东方茶文化包含的"意"极为博大精深，从茶具、茶叶、茶艺到品茶、香氛、体验都非常丰富，在高低错落的趣味空间之中展示这种茶的"意"，如同在"小空间"里拥抱"大内容"一样，让空间为媒，穿针引线，把意和景融合其中。

B 环境风格 Creativity & Aesthetics
象征深厚底韵古建筑白墙灰瓦的钛白、炭灰色调，融合代表文人墨客儒雅的蓝色调和极具视觉冲击力的黄色调。源于自然的木、石、光、水等元素，提炼宁静与安逸的环境与和谐之美。是一种回归，一种朴实，一种境界的心情下品茶。

C 空间布局 Space Planning
一个5米高的前台空间，背后的景观面以格栅规则阵列，古朴的木色在背后灯光的映衬下，与背底的抽象水墨画相呼应，犹如身处室外的宁静致远的立体视觉艺术。再从楼梯旁的栅格竖线元素贯穿整个空间，也是一种穿针引线的作用。

D 设计选材 Materials & Cost Effectiveness
在山水画遮挡搭配半通透纱质屏风下，营造若隐若现的远山空悠意境，与茶的文化意境作呼应。楼梯中空端景处设计铁艺框架悬吊四面皆可观赏的艺术品，提升艺术品的穿透力，空灵的吊饰与底部枯山水形成禅意的呼应。木质家具的线条轻盈简洁，同时追求丰盈的木质纹理、自然的触觉和柔和的漆面光泽是家具与东方茶文化的完美融合。

E 使用效果 Fidelity to Client
感受着一种"禅意"的格调，也是一种人生领悟。

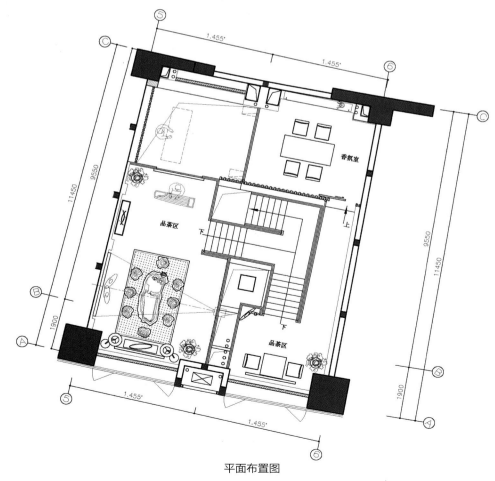

平面布置图

万科同乐汇
TOBY'S HOME

项目名称 _ 万科同乐汇 / **主案设计** _ 孙大勇 / **参与设计** _Chris Precht、白雪、权赫、李朋冲 / **项目地点** _北京市房山区 / **项目面积** _800 平方米 / **投资金额** _300 万元 / **主要材料** _PVC 板材等

A 项目定位 Design Proposition
基于万科长阳的居住社区背景，同乐汇主要解决居民的儿童周末公共活动和教育需求，同时项目位于商业综合体内，也以咖啡和书吧的方式服务于社会大众。

B 环境风格 Creativity & Aesthetics
作品以蒲公英为原型，创造了拱形的结构，使空间层次递进，白色的结构配合灯光的效果使空间晶莹剔透，就像是被吹散的蒲公英，给孩子带来一份最简单的快乐。

C 空间布局 Space Planning
空间创造了一个循环的动线，通过局部夹层，使首层的商业、活动空间与二层的亲子空间分隔开，但同时坡道的设置允许孩子在里面自由跑动。隔断的布置基于家具排放的需要，丰富而富有变化。

D 设计选材 Materials & Cost Effectiveness
作品采用了轻质的 **PVC** 板材，造价低、质量轻、易于加工，大大节省了造价同时在有限的工期内保证了项目的完工。

E 使用效果 Fidelity to Client
作品落成后，得到了客户和消费者的好评，甚至有很多结婚的新人选择这里举办婚礼，他们在这里仿佛也找到了自己童年的记忆。

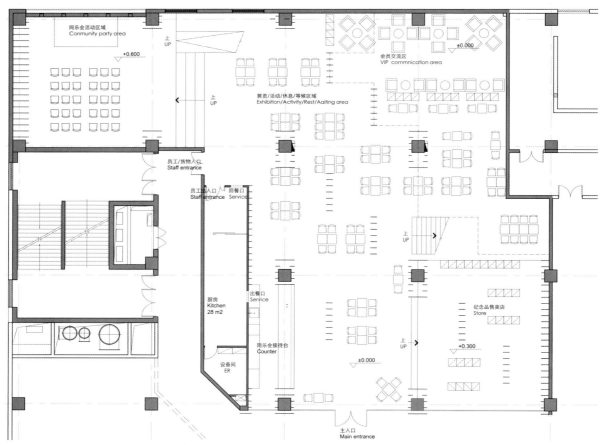

平面布置图

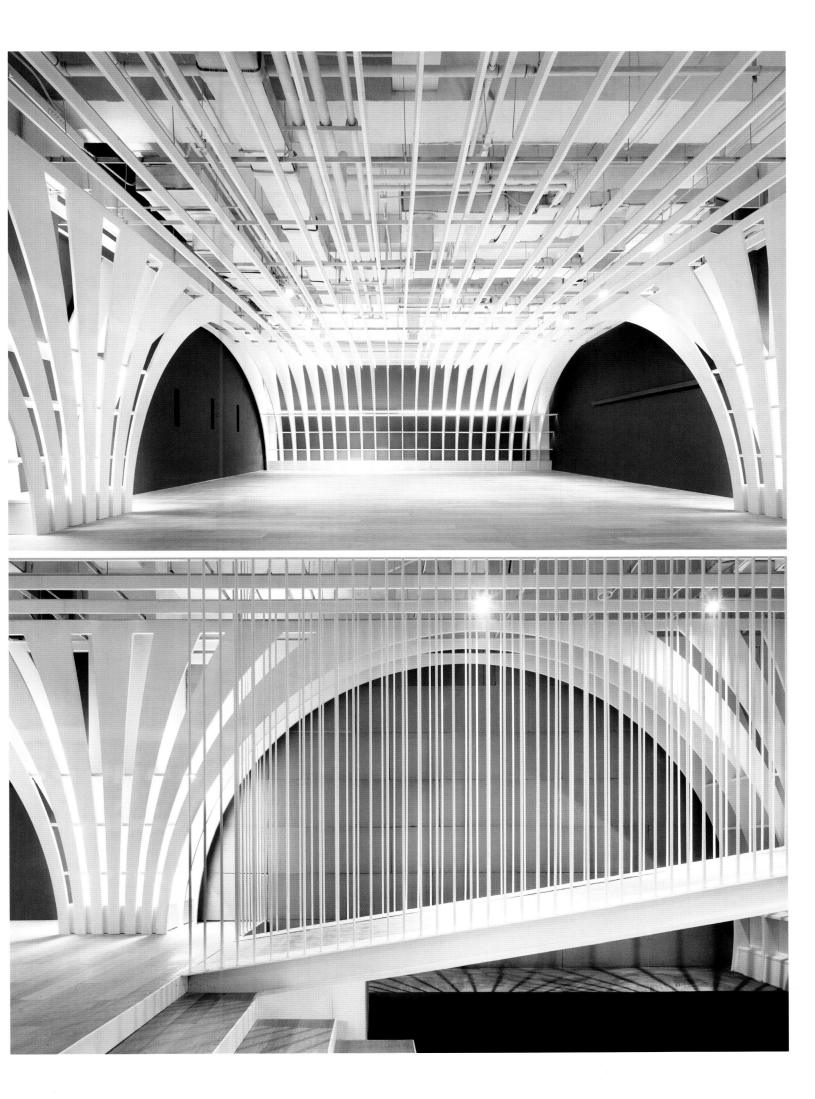

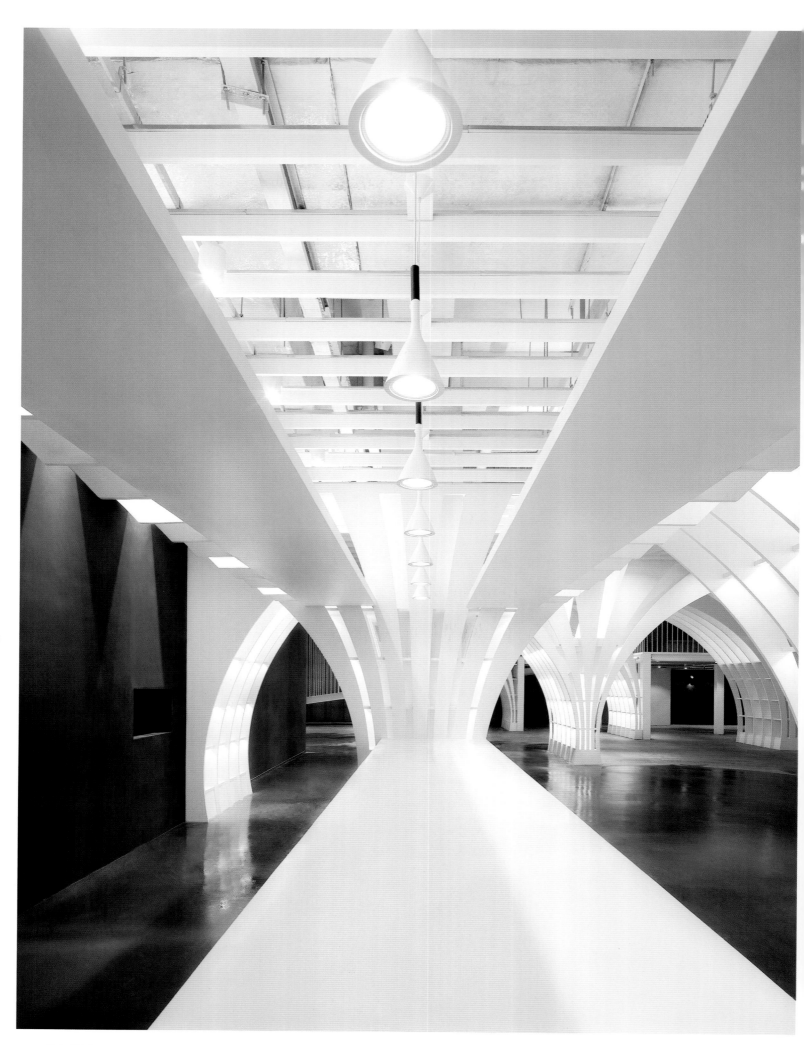

卜居茶社
BU JU TEA HOUSE

项目名称 _ 卜居茶社 / 主案设计 _ 胡卫民 / 参与设计 _ 魏贯超、陈文博、史永红、崔治明、栗师师、赵莹、焦凯歌 / 项目地点 _ 河南省郑州市 / 项目面积 _1630 平方米 / 投资金额 _300 万元 / 主要材料 _ 麦秸、麻布、青石、朽木、原木、青砖、砾石等

A **项目定位** Design Proposition
提倡质朴生活为主题。

B **环境风格** Creativity & Aesthetics
河南的民间文化特点。

C **空间布局** Space Planning
河南民居四合院建筑特点。

D **设计选材** Materials & Cost Effectiveness
麦秸、麻布、青石、朽木、原木、青砖、砾石。

E **使用效果** Fidelity to Client
受到客人们一直好评。

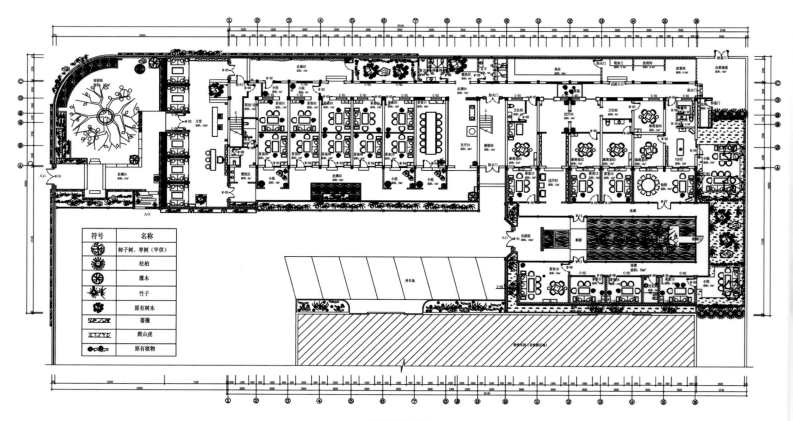

符号	名称
	柿子树、枣树（甲供）
	松柏
	灌木
	竹子
	原有树木
	蔷薇
	爬山虎
	原有植物

总平面布置图

浮山溪谷
FUSHANXIGU

项目名称 _ 浮山溪谷 / **主案设计** _ 李金山 / **项目地点** _ 山东省青岛市 / **项目面积** _ 1600 平方米 / **投资金额** _ 580 万元 / **主要材料** _ 石板、水泥、锈板、老榆木、宣纸等

A 项目定位 Design Proposition
浮山溪谷突破传统单一商业模式，融入生态餐饮、禅茶、中医、太极综合体运营模式，在繁华宣泄的都市中为你营造一个静心休闲地方，静心是一种美，是一种幸福，也是一种纯净和清明。

B 环境风格 Creativity & Aesthetics
浮山溪谷选址以独特的自然风光让客人感到蝉噪林逾静，鸟鸣山更幽的意境．装饰材料以极少的废旧自然材料，精心设计，以达到保护人文文化和再次唤醒富有东方感的生命力，让人感到中式现代风格里面带着怀旧及禅意的气息。

C 空间布局 Space Planning
禅意的架构理念，牵引着各区域的衍生。水与石动线的韵律指引形式移入室内，信步室内给以人"曲径通幽处，禅房花木深"的环境氛围。

D 设计选材 Materials & Cost Effectiveness
石板、水泥、锈板、老榆木、宣纸。

E 使用效果 Fidelity to Client
以独特空间设计及综合的业态得到消费者的赏识与青睐，大部分消费者慕名而来，每日座无虚席、时常出现排队等位现象。达到初期的设计定位与品牌策划的预期效果。

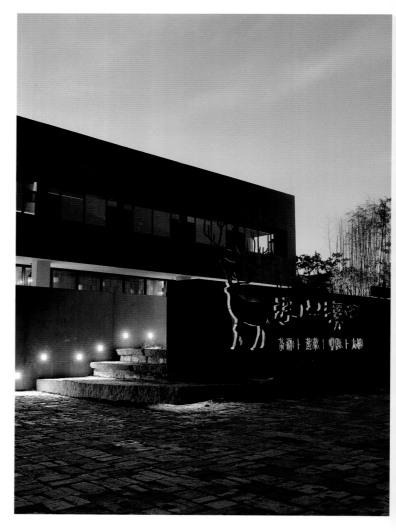

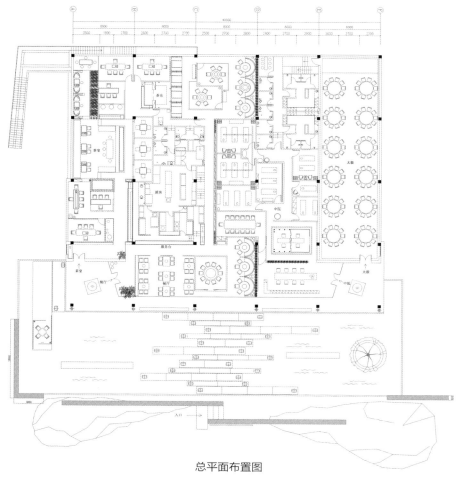

总平面布置图

汐源茶楼
XI YUAN TEA HOUSE

项目名称_ 汐源茶楼 / **主案设计**_ 王践 / **参与设计**_ 毛志泽、蓝兰婉 / **项目地点**_ 浙江省宁波市 / **项目面积**_ 450平方米 / **投资金额**_ 150万元 / **主要材料**_ 木材、水泥，钢板钢筋、粗麻缆绳等

A 项目定位 Design Proposition

茶馆卖的不仅是茶，更是"馆"。即设计师打造的并不单单是一间茶馆，更是一个公共的社交平台。设计师将空间比作容器，能收纳与茶有关的各种人事物，也能包容与学习交流有关的各种展演。希望分享的是一种平和，谦逊，舒适，并能切合当下审美与价值观与时俱进的一种美学生活态度。

B 环境风格 Creativity & Aesthetics

"让年轻人爱上茶馆"。尊重传统不等于回到过去，传承文化更不能仅停留在形式上。传统茶馆设计过于符号化和注重元素堆砌，色调深沉且物件厚重生涩，气氛压迫有种强加于人的文化侵略感。流失大部分的年轻消费群体，让原本就对传统文化漠视的年轻人更加的对茶馆敬而远之。设计师运用明快轻松的手法，简单质朴的材料与工艺化解为表现文化而堆砌符号带来的掠夺性，强调人才是空间的主体，尊重材质的本色表达，尊重人在空间里的情感诉求，赋予茶馆一种属于当代的时尚。

C 空间布局 Space Planning

分散私密的包厢势必也会割裂和打散人气，设计师在满足业主经营需要以及充分尊重业主对风水诉求的前提下规划出一片宽敞明亮的大厅空间。8.8米长的原木茶台成为整个空间的焦点。以大厅、包厢及卡座的形式完成对空间的布局。共享空间强调仪式感，聚集人气，体现名堂的功用。包厢部分则注重私密与舒适，在规制与自在中寻求一种平衡。

D 设计选材 Materials & Cost Effectiveness

传统茶馆用材用工擅用古法，如今匠心不再且耗时费工，效率极低，而且往往词不达意，牵强附会。商业项目几乎不容许有那么奢侈的时间成本。本案尽可能地用现代工艺和材质来表达古意新意。现代工艺加工还原的仿古再生木材、素色水泥、钢板钢筋以及当地产的粗麻缆绳串起整个空间的气质。

E 使用效果 Fidelity to Client

自2015年年初开业以来，即在宁波赢得了普遍美誉及拥趸。成为文化、艺术、传媒与时尚圈人士的聚集地。尤为可贵的是赢得了大量年轻消费者的喜欢，甚至成了许多新人婚纱摄影的取景地。企业聚会、商务洽谈、艺术展览与沙龙络绎不绝。开业半年已实现盈利。至今已拥有逾300名会员，一举成为甬城3300余家茶馆里的佼佼者。

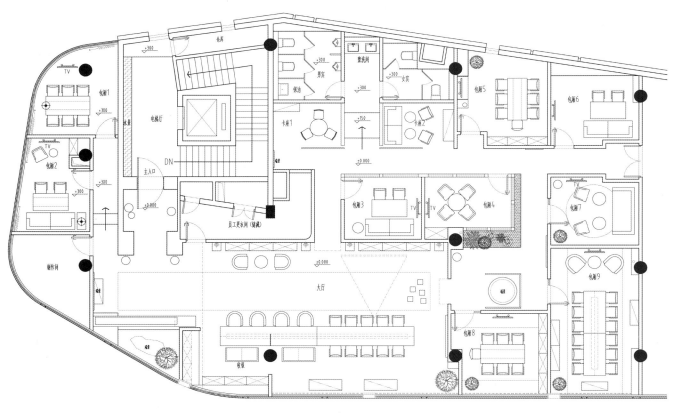

平面布置图

中 粮 商 务 公 园
COFCO BUSINESS PARK

长 乐 金 港 城 销 售 中 心
JINGANG CITY

上 海 万 科 商 用 展 示 中 心
VANKE SHOWROOM

无 锡 拈 花 湾 禅 意 小 镇 样 板 区
GENGWAN SMILE BAY RESORT
TOWN–VILLA COMPLEX, WUXI

三 亚 海 棠 福 湾 A1 别 墅
HAITANG FU ONE

绿 地 滨 湖 国 际 城 二 期 4# 楼 售 楼 处
GREENLAND ZHENGZHOU
BINHU METROPOLIS 4# SALES CENTER

泊 居 · 上 海 东 平 森 林 1 号 别 墅 样 板 间
BOJU5–SAMPLE VILLA, NO.1
DONGPING FOREST PARKSHANGHAI

北 京 保 利 大 都 汇 广 场 售 楼 中 心
BEIJING POLY METROPOLIS
PLAZA SALES CENTER

显 隐 一 瞬
FLASHING
IN ONE MOMENT

长 白 山 中 弘 池 南 区 项 目 售 楼 中 心
CHANGBAI
MOUNTAIN SALES OFFICE

交 INTERSECTION 点
INTERSECTION

天 津 美 年 广 场 LOFT 办 公 样 板 间
TIANJIN UNITED STATES IN THE
SQUARE LOFT OFFICE MODEL

北 京 中 粮 瑞 府 400 户 型
THE GARDEN
OF EDEN, BEIJING

莲 邦 广 场 艺 术 中 心
LOTUS SQUARE
ART CENTER

英 伦 骑 士 心 · 紫 悦 府 B 户 型 别 墅
ENGLISH KNIGHTS HEART

庄 生 梦 蝶 · 苏 州 建 发 地 产 中 澳 天 成 售 楼 处
JOSON BUTTERFLY DREAM

SG · 珊 顿 道 销 售 中 心
SG. SHENTON
WAY, SALES CENTER

品 生 活
LIFE TASTE

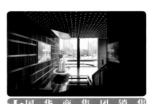
中 国 华 商 集 团 销 售 会 馆 · 城 市 地 景
URBAN PAVILION

中粮商务公园
COFCO BUSINESS PARK

项目名称 _ 中粮商务公园 / **主案设计** _ 李益中 / **参与设计** _ 范宜华、陈松 / **项目地点** _ 广东省深圳市 / **项目面积** _1200 平方米 / **投资金额** _700 万元 / **主要材料** _ 大理石、聚酯漆、透光软膜、工程地毯等

A 项目定位 Design Proposition

该项目是中粮集团下属中粮地产（集团）股份有限公司 2014 年在深圳宝安区新安工业园区的精品写字楼附住宅综合体商业项目。该项目是整个新安工业片区旧城改造的领头示范工程。

B 环境风格 Creativity & Aesthetics

通过综合分析我们对该案的设计主张是：具有强烈昭示性、前瞻性。具备未来感、科技感的现代综合营销空间，既满足传统的营销功能特点又具备超前流线式的体验。

C 空间布局 Space Planning

平面规划，门厅空间与内部大厅空间有 3 米高的落差，且呈现狭长矩形。我们运用折线引导加叠坡设计手法，布置接待区、坡道区、影视厅，充分利用了狭长的空间格局。13° 的缓坡设计在解决了大尺度落差的同时增加了人在空间的体验感与乐趣，坡道的终点是项目整体演示的多功能影视厅。影视厅"蛋壳"般的造型，跌级水景等形影交错，使人在门厅中便得到充分的新鲜感，且巧妙将客户平缓过度至 3 米高的大厅空间；大厅的采光面极好、空间开阔，所以我们将人群活动最为集中的项目沙盘展示区、洽谈区（洽谈服务区）设置在该区域，同时将天花的设计手法由门厅延伸至大厅空间；以大厅空间为中心，分散布置了品牌馆、VIP 客户区、签约区、卫生间、办公区等。整个平面流线便捷工作效率高，空间层次丰富，前后交相辉映，相得益彰。极大满足营销功能的同时紧扣设计主张。

D 设计选材 Materials & Cost Effectiveness

物料设计，我们选用了性价比超高的装饰物料。比如皇家黑檀大理石、聚酯漆、透光软膜、定制工程地毯、合成革皮料、定制铝方通、不锈钢皮等。通过形体、软硬、尺度、比例等合理组织与控制让每个细部都非常耐人寻味，品质感较高。

E 使用效果 Fidelity to Client

作品在运营后得到了业主及参观者的极大肯定，设计风格现代简约又不失商业氛围，极大的推动了该楼盘的销售。

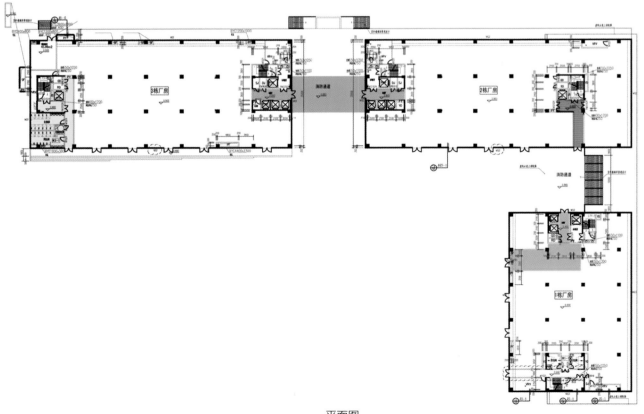

平面图

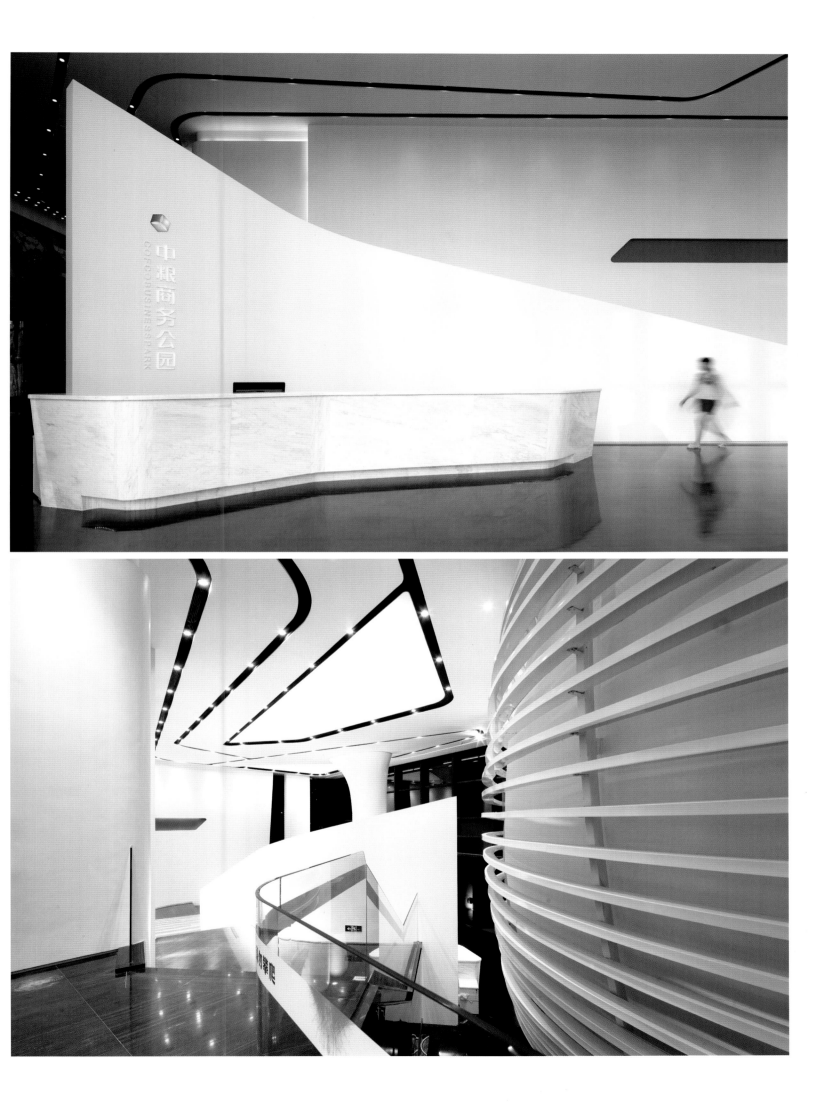

长乐金港城销售中心
JINGANG CITY

项目名称 _ 长乐金港城销售中心 / **主案设计** _ 何华武 / **参与设计** _ 杨尚炜 / **项目地点** _ 福建省福州市 / **项目面积** _ 1100 平方米 / **投资金额** _ 200 万元

A 项目定位 Design Proposition
我们崇尚质朴的诗性，写意处于写实与抽象之间，它既不会使人产生一览无余的简单，也不会令人有望而却步的深奥，引导人们在一种似曾相识的意境中。

B 环境风格 Creativity & Aesthetics
引导人们在一种似曾相识的心理作用下，去把玩、体味，感觉空间的整体及每个局部。细部的"意味"智慧生成形式，写意凝固着瞬间感悟，凝固着生命的激情，从而更接近于空间的本质。自然地拼弃了表象的细节，抓住并突出客观事物中的自然交融。

C 空间布局 Space Planning
本案是一处展示体验的交流空间。建筑强烈的图形感，尖峰密集交错宛如宝石晶体的建筑体量，我们希望这种原始、纯粹的张力从建筑外部延伸到室内空间，以雕塑般的造型及内部丰富的空间和光影，给参观者惊艳的立面背后是独特的空间体验。

D 设计选材 Materials & Cost Effectiveness
创作这个项目的缘起，是对当下地域人文形势跳跃性的思考，山岳幽谷构成想要打造出一个超现代引领时尚的"骚狐"空间。

E 使用效果 Fidelity to Client
创造性地发展了该建筑的文化精神，跳出传统思维的束缚，注入了新的设计理念和设计元素，新的表现语言成就了独立的风格。它会一直是先锋前卫的代名词，这意味着从这里开始它将是未来的主流。

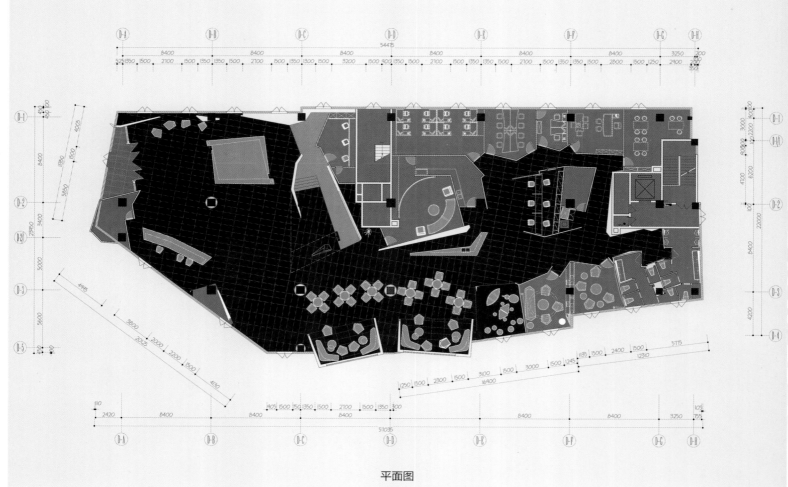

平面图

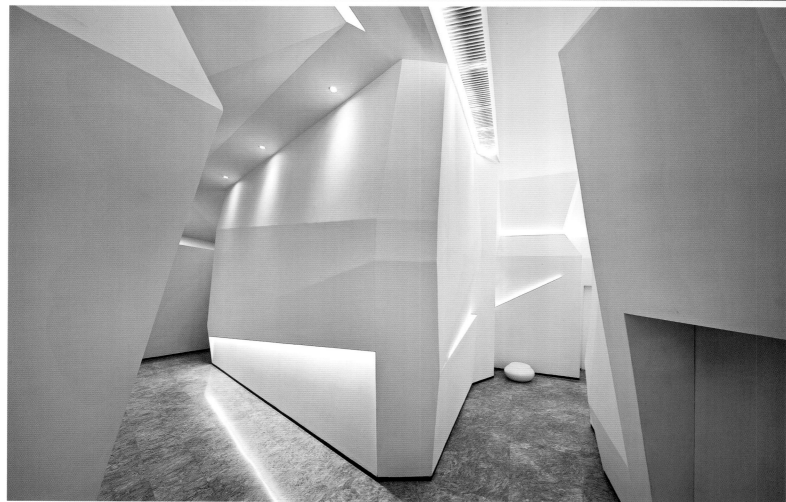

上海万科商用展示中心
VANKE SHOWROOM

项目名称 _ 上海万科商用展示中心 / **主案设计** _Thomas Dariel / **项目地点** _ 上海市闵行区 / **项目面积** _900 平方米 / **投资金额** _140 万元

A 项目定位 Design Proposition

万科特别委托业内著名设计公司 Dariel Studio 度身定做体量上海万科商用展示中心，以多个商业主题的形式，向大家呈现一种会呼吸的商业及多维度未来商业的理念。

B 环境风格 Creativity & Aesthetics

万科从传统住宅开发商向城市配套服务商的这一发展让人联想到了古代人类社会发展的历程——人类从自给自足的散居模式发展为交换经济的聚居模式，先有了房屋，再有了集市，逐渐形成了村落，随即城市的出现形成了当代社会。 因此，设计师关于这个展厅设计的概念就应运而生。整个展厅呈现了一条从"村"到"城"的发展线索。

C 空间布局 Space Planning

通常，被空间所限制的室内设计师总是要想尽办法将许多的元素填充到一个既定的框架里，然而热衷于从室内设计中跳脱局限向来是 Thomas Dariel 的设计原则。利用本案空间层高的有利条件，设计师创造出室内建筑的形态和概念，在充分满足客户需求的同时也达到了独树一帜的设计效果。

D 设计选材 Materials & Cost Effectiveness

"城墙"——坡道 这个灵感源于古城墙，随着冷兵器时代的结束以及城市的扩张，人们的生活方式已不限于城墙内，设计师为其注入了新的生命和活力，用环绕的坡道来象征城墙，架构起一个与古为新的三维空间。 "房屋"——室内建筑 Thomas Dariel 的设计将多个原本分离、具有不同功能的房间组合并延伸，旨在营造由不同房屋组成的城市感。"集市"—— 独特的项目展示空间 在动线安排上的费心，使得人们可以贯穿整个集团的历史文化并且探索展示区域内所呈现的最新概念的万科购物城的模型。 "风景" 尽管这是个室内空间，设计师仍希望通过大自然的图案为来客营造舒适的感觉。 "文化"——万科历史与文化 无论是历史走廊中展示的万科企业历史，项目和文化，还是开放式的空间打造和点缀的 V 形图案，都没有这个设计概念本身所代表的万科核心价值更具有说服力。

E 使用效果 Fidelity to Client

万科商用展示中心的成立拉开了 Dariel Studio 与万科之间的合作，不仅为企业和相关楼盘带来了可观盈利，同时作为企业的样板项目进行广泛推广。

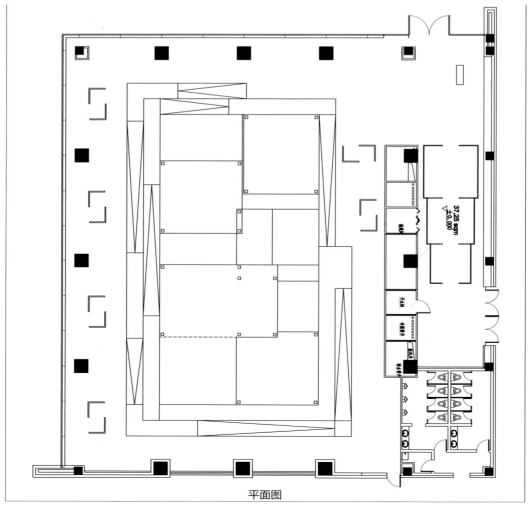

平面图

无锡拈花湾禅意小镇样板区

GENGWAN SMILE BAY RESORT TOWN—VILLA COMPLEX, WUXI

项目名称 _ 无锡拈花湾禅意小镇样板区 / **主案设计** _ 陆嵘 / **参与设计** _ 李怡、卜兆玲、王玉洁、苗勋、项晓庆 / **项目地点** _ 江苏省无锡市 / **项目面积** _1900 平方米 / **投资金额** _2000 万元

A 项目定位 Design Proposition

将传统"禅文化"与休闲度假相融合，通过对不同"禅意"风格的表现，打造适合不同休闲需求的度假模式，给快节奏生活的现代人一个心灵放松与净化的净土。

B 环境风格 Creativity & Aesthetics

拈花湾是融东方禅文化内涵和特色的禅意度假小镇。室内整体风格与周围庭院景致相辅相成。简约的线条，古朴的材质，典雅精致的家具，给人带来自然的宁静与平和。

C 空间布局 Space Planning

不同于一般商品房样板间，空间更为人性化及舒适化，回归生活本质，在禅意氛围的感染中，茅草屋顶、原木家具、素色面料，一切都是那么的不经意，天然去雕琢。立志于打造一个清丽如水，沉定如钟的桃源幽世。

D 设计选材 Materials & Cost Effectiveness

融合不同意境地域的"禅"文化，通过运用颜色、材质等设计语言，拉开感官差异。每步入一个屋檐，都是一次惊喜，大到整体空间氛围，小至一个门把手，都呼应着各自的主题、舒展着不同的姿态。不同年龄、不同地域、不同喜好的人们都能感同身受地知道在这个地方，能筑一个家。

E 使用效果 Fidelity to Client

不同于传统的江南水乡及文化体验，没有一般商品房那样浓烈的色彩和热闹丰饶的氛围，没有城市其他建筑物的干扰。融于自然，明镜止水，素色大气，通过大量生活气息强烈的家居用品点缀，显得特别有亲和力，一切都如此自然。隐于竹篱与绿荫之中品味禅境生活。

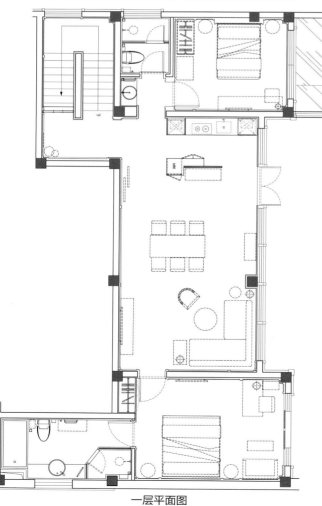

一层平面图

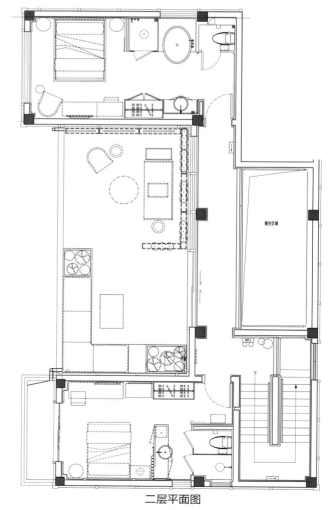

二层平面图

三亚海棠福湾 A1 别墅
HAITANG FU ONE

项目名称 _ 三亚海棠福湾 A1 别墅 / 主案设计 _ 葛亚曦 / 参与设计 _ 蒋文蔚、彭倩 / 项目地点 _ 海南省三亚市 / 项目面积 _ 348 平方米 / 投资金额 _ 300 万元 / 主要材料 _ 木、金属等

A 项目定位 Design Proposition

为了营造休闲度假的舒适感，以简约的形式去塑造奢华的体验，通过简约的空间设计，以少胜多、以简胜繁，唤醒中国的风雅传统，成为"向传统致敬的当代名胜"。

B 环境风格 Creativity & Aesthetics

为了延续其建筑与景观的风雅，设计师独具匠心，用流淌在中国血统里的西方技艺，将泛东方文化的传统元素通过现代提炼，演绎成当代艺术的精髓，形成一座拙朴形制，大巧不工而别具内涵的别墅，使其与财富阶层返璞归真的信仰与风雅精致的气质完美交融。

C 空间布局 Space Planning

丰富庞大的设计内涵，使每一个空间呈现出来与众不同的观感价值。 客厅是满足主人社交的公共空间，以高级灰为主色调，配以沉静的绿色，严谨和骄傲的背后，透露着稀缺感；餐厅为满足宴请功能，实木餐桌、白色皮质餐椅、红色主餐椅、精美花艺在空间中融合汇聚，自然洒脱；家庭室则营造轻松闲适的氛围，增进家庭成员之间的互动，深咖、灰色与点缀其中的绿色织构出温暖质感的公共空间，粉色桃花精巧点缀，将东方意境不经意带入。主卧以内敛的灰色和蓝色为主色调，点缀其间的花艺将东方的智慧与态度无限放大；老人房陈设以深咖啡色作为主基调，橘色点缀其间，整个空间饱满雅致；小孩房则以深蓝和米色为主，各种航模玩具使空间层次丰富，充满童趣。

D 设计选材 Materials & Cost Effectiveness

在家具的材质和款式方面，设计师以拙朴形制演绎大巧不工的东方美学韵致，质璞表象下掩藏尊贵内涵。在原空间中轴对称的基础上布置、细化与整合，借以行云流水的空间动线形成配合空间的布局。

E 使用效果 Fidelity to Client

在现代的调性上，加入古典的手法贯穿其中，清新淡雅的色调使空间充满了浪漫。而不同空间的水墨画，或拙朴简单，或质感清新，或优美宁静，但无一例外，都使得空间意境淡远，凸显东方美学的雍容雅致，生活本真的气度在这样的环境中酝酿升腾。

泳池

卧室一

主卧室

洗手间

化妆间一

西厨

主卫

客厅

中厨

SPA

LT1

一层平面图

绿地滨湖国际城二期
4# 楼售楼处
GREENLAND ZHENGZHOU BINHU
METROPOLIS 4# SALES CENTER

项目名称 _绿地滨湖国际城二期 4# 楼售楼处 / **主案设计** _颜呈勋 / **项目地点** _河南省郑州市 / **项目面积** _2500 平方米 / **投资金额** _1000 万元 / **主要材料** _木、LED 灯线、金属、发光玉石、蓝金砂石材等

A 项目定位 Design Proposition
郑州二七滨湖项目地处郑州市二七新区核心腹地，位于鼎盛大道以南、南四环路以北、大学路两侧区域，是集高层甲级办公、总部办公、商业中心、精品酒店、高端居住一体的大型城市综合体，具备新地标、国际、品质、现代奢华的新商业空间。

B 环境风格 Creativity & Aesthetics
设计灵感来源于：投射灯投光原理，通过投射灯把菱形网格投射到空间中，并通过 LED 灯线勾勒灯光轨迹，折曲、抽离部分墙顶面形成空间浮面折板的起伏效果也亦在 3D 视觉上形成菱面空间。

C 空间布局 Space Planning
室内设计围绕设计灵感，通过墙地顶不同部位的表现，形成多种立体面的折面效果，在对比的同时又相互搭配映衬，突破原建筑的限定空间。LED 灯带在墙面上细细勾勒，亦在表现时光交错的质感和与现代融合形成的碰撞，又似一种指引，让来到这的贵宾有深探其由的错觉。

D 设计选材 Materials & Cost Effectiveness
该项目以深色木饰面为主背景，在深色底面上勾勒发亮的 LED 灯线作为视线引导，并配以高反射金属材料、发光玉石、蓝金砂石材等材质，增加空间的层次感品质感。

E 使用效果 Fidelity to Client
售楼处给人休闲空间感觉，让人感觉温馨、舒适。

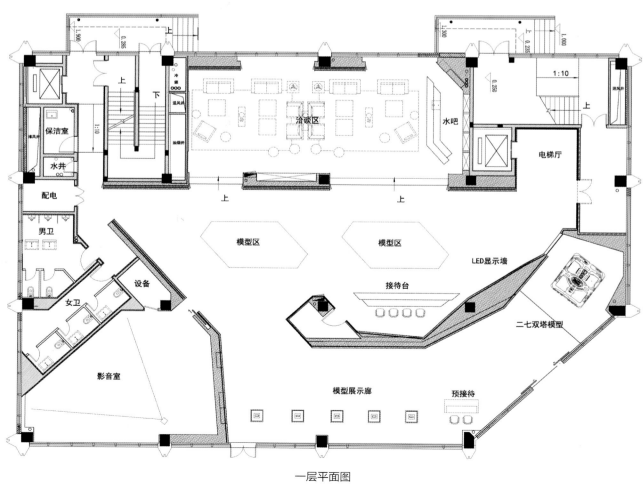

一层平面图

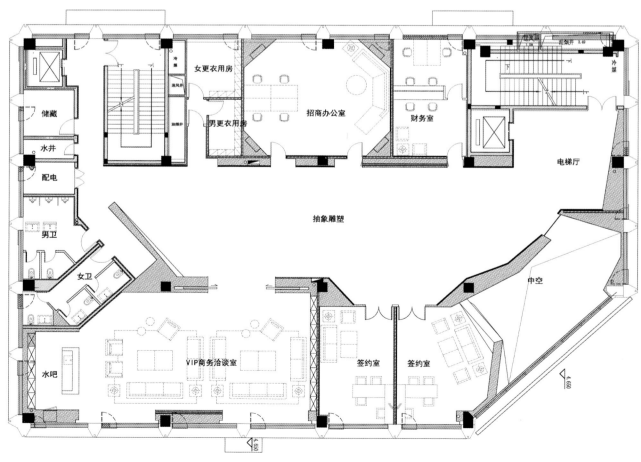

储藏

水井

配电

男卫

女卫

水吧

女更衣用房

男更衣用房

招商办公室

财务室

电梯厅

冷媒

VIP商务洽谈室

签约室

签约室

抽象雕塑

中空

4.650

4.650

二层平面图

泊居·上海东平森林
1号别墅样板间
\<BOJU\>-SAMPLE VILLA,N0.1 DONGPING
FOREST PARK,SHANGHAI

项目名称 _ 泊居·上海东平森林1号别墅样板间 / **主案设计** _ 朱东晖 / **参与设计** _ 杨志明、徐学敏 / **项目地点** _ 上海市崇明县 / **项目面积** _ 154平方米 / **投资金额** _ 98万元 / **主要材料** _ 素水泥、藤编、木作等

A **项目定位** Design Proposition
自古文人皆爱泊居于世。屈原在离骚中以芳草自况；陶渊明爱菊采菊东篱下；王维独坐幽篁里；周敦颐爱莲出淤泥而不染……而生活在繁华喧嚣的当今世人，又何不尝试下"淡泊以明志，宁静而致远"的生活方式呢？

B **环境风格** Creativity & Aesthetics
选择一种亲近自然的居住氛围就是选择了最淳朴的居住气息，不为别的，只为返璞归真的生命本意。

C **空间布局** Space Planning
泊居定位中青年或小两口的度假会馆，自然舒适的日式风情别墅，空间布局设计上充分考虑了这部分人的生活方式，包括SPA房、泳池、烧烤，丰富多彩的生活方式都足以让每一个人心动。

D **设计选材** Materials & Cost Effectiveness
该项目在材质上采用了素水泥、藤编和木作来营造一种淳朴的居住气息，体现了设计师的独具匠心。

E **使用效果** Fidelity to Client
作品获2015"金外滩"室内设计大赛最佳卫浴空间奖。

平面图

北京保利大都汇广场售楼中心
BEIJING POLY METROPOLIS PLAZA SALES CENTER

项目名称 _ 北京保利大都汇广场售楼中心 / **主案设计** _ 吴德斌 / **项目地点** _ 北京市通州区 / **项目面积** _ 996 平方米 / **投资金额** _ 500 万元

A 项目定位 Design Proposition
这是一场关乎"时空、能量、艺术"三者之间的对话，该项目将"编织城市"的设计理念引入室内，将接待前厅、洽谈区、VIP区、通过"无界道"艺术廊区有机地编织在一起，旨在创造合理的规划组织设计，引入全新的生活理念，提升室内空间品质。

B 环境风格 Creativity & Aesthetics
作为该项目的销售中心需要的是在空间内充分表达该项目的性格和品质，旨在为城市年轻人群打造未来都市生活的体验中心。而与外部景观形成良好贴合的内部空间，选择以放射性的几何形状为主，通过这些极具视觉冲击力的几何图形传达着空间的动感与不竭的能量转换，也强烈释放着与项目如一的奔放、自信和明朗的性格特质。

C 空间布局 Space Planning
以完美的现代设计手法神奇地实现了一个三维空间内的能量转化，并将其在整个空间内流畅地传递，激活空间内的每一角落。正是艺术时空里那原始、纯粹的能量开启了JLA此次设计旅程的灵感源泉，在此基础上的创作是对"艺术空间美学"的精彩演绎——一个以面为中心的晶体结构中——营造出戏剧化和雕塑化的空间，JLA的设计方案不仅操纵着空间内的光与影、虚与实，也使其与外部景观实现了绝妙的无缝融合。

D 设计选材 Materials & Cost Effectiveness
入口倾斜切割的背景墙与接待台为迎宾台，右侧柱子切割的石材贴面棱镜一样地从地板表面肆意地"长"出来并与天花造型相结合与之融为一体，引导来访者在艺术的时空里抵达"钻石"沙盘与主体休闲空间——即销售中心的核心区，而已完成迎宾任务的接待台，又摇身一变成为休闲区的水吧。当人们一路走到休闲区与"无界道"艺术展区，他们会惊讶地发现，"编织城市"的这一设计理念在空间里是如何将三维体量不经意地演变成一个戏剧化的艺术空间，并从内心深处尊重每位客户的洽谈隐私。销售中心最终呈现给世界的是一件满载动感、倾注活力与丰富想象力的晶莹的"可居雕塑"。

E 使用效果 Fidelity to Client
效果非常好。

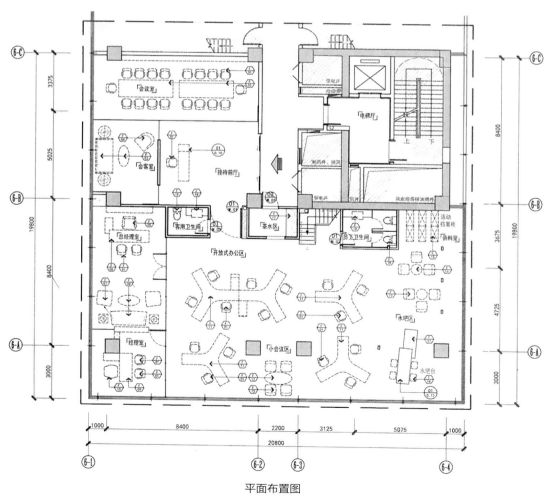

平面布置图

显隐一瞬
FLASHING IN ONE MOMENT

项目名称 _ 显隐一瞬 / 主案设计 _ 许卫正、廖振隆 / 项目地点 _ 台湾台中市 / 项目面积 _173 平方米 / 投资金额 _112 万元 / 主要材料 _ 石材、板材等

A 项目定位 Design Proposition

营造一个错落有致，在通透、开放中，又带有些许隐密感的谈话空间。如何在洽谈过程中，使客户顺利成交令他们满意的商品，是接待中心最重要的任务。

B 环境风格 Creativity & Aesthetics

在本案的设计中，设计师透过在矩形平面中植入菱形空间的配置，创造了丰富的空间层次与对话。

C 空间布局 Space Planning

外观上，处处可见实中带虚，虚中带实的立面设计。在玄关处一侧，安排墙面与大型 LED 宣传板的播放，使整体入口区域产生厚实、稳重的效果，下方则藉由悬空的台阶，减轻厚重的量体给到访者带来的压迫感。玄关处的另一侧，则透过菱形切割的边缘，创造出被矩形量体包覆下的直角斜面，以一侧为墙，一侧为窗的方式延伸，产生实虚变化中的空间趣味。

D 设计选材 Materials & Cost Effectiveness

在材质的选择与色彩运用上，亦透过古铜金的饰带作为量体的包庇，搭配实墙上的石材丁挂，产生主次分明的建筑对话。沿着台阶而上进入接待中心玄关，一座扇形设计的柜台首先映入眼帘，透过室内菱形分割产生的转角空间，巧妙藉由弧形的仿石材桌面，产生亲切的扇形迎宾空间。柜台后方以繁复的板材切割，创造出树型的意象，两侧再辅以镜面投射，除了虚化墙面与天花之间的隔阂，亦制造出方中有圆、圆中有方的视觉效果。转入主要洽谈空间后，可见一个个被区隔开的菱形平面，形成了一圈一圈的连续拱圈，一侧作为洽谈空间，另一侧则作为过廊。

E 使用效果 Fidelity to Client

拱圈的设置，善用了菱形空间所制造的延续性效果，又可打破原先均直的垂直水平线条，在通透空间中，创造出丰富的视觉效果。灯饰部分，则巧妙地以家纹装饰嵌灯及水晶吊灯区隔洽谈空间与过廊两者之间的属性差异。

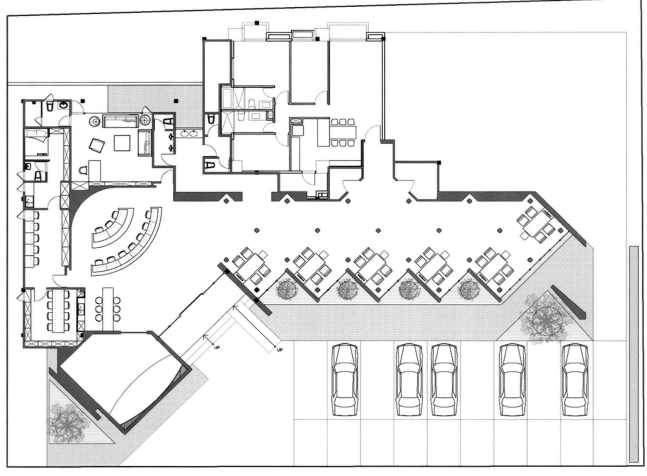

平面图

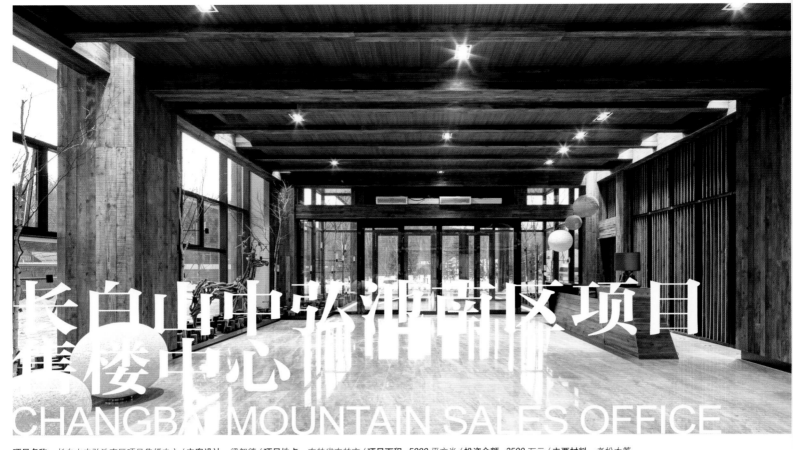

长白山中弘池南区项目
售楼中心
CHANGBAI MOUNTAIN SALES OFFICE

项目名称 _ 长白山中弘池南区项目售楼中心 / **主案设计** _ 梁智德 / **项目地点** _ 吉林省吉林市 / **项目面积** _5000 平方米 / **投资金额** _2500 万元 / **主要材料** _ 老松木等

A 项目定位 Design Proposition

项目位于长白山自然保护区，平衡当地经济的发展和自然环境的保护是该项目的重点。随着人们对旅游品质的不断提高，自然、原生态、地域性的旅游要求越发重要。该项目通过对自然环境的尊重、保护、开发，促使经济可持续发展的实施。该项目的设计也基本围绕"自然、原生态、地域性"而设计。

B 环境风格 Creativity & Aesthetics

因项目的地域和设计要求的独特性，设计的出发点是如何呈现长白山特有的自然风情和地域特性，空间的尺度较大，如采用原始粗旷的风格，施工和造价都难以控制，最后用现代的设计手法，通过老木材的岁月沉淀感与项目的"自然、原生态、地域性"主题呼应。中空大吊灯的设计理念为"一叶一世界"，苍穹之意，以诉对自然的敬意。

C 空间布局 Space Planning

项目的纬度较高，建筑向南面采用玻璃幕墙，以解决采光问题，但由于进深较大，三平层并不能解决此问题，所以空间布局上二、三层采用 U 型设计，中空位很好地解决了自然采光的问题，同时更好地增加了二三层对室外景观的观景面。

D 设计选材 Materials & Cost Effectiveness

木质材料的选择。有木饰面、木地板、新实木、老实木四种方向。木饰面和木地板难以体现与主题所呼应的原始粗旷自然感；新实木是不错的选择，但项目地的早晚气温相差较大，新的实木起翘现象十分严重；老实木为旧木材再利用，材料的本质效果与主题较为匹配，最后选用性价比不错的老松木，是项目最后品质的保证。

E 使用效果 Fidelity to Client

项目的整体效果和氛围很准确地体现项目 "自然、原生态、地域性"主题，也得到了设计朋友、开发商以及当地政府的高度赞许。

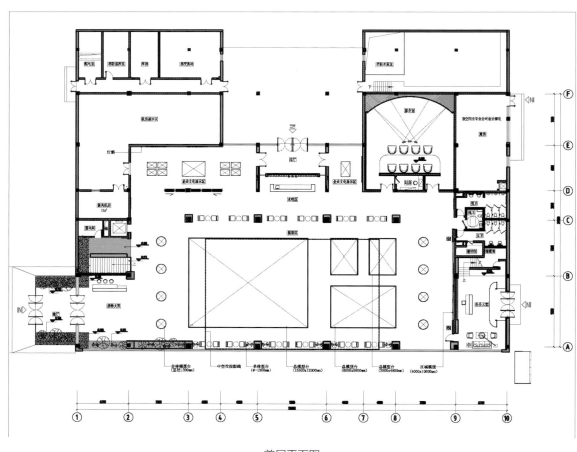

首层平面图

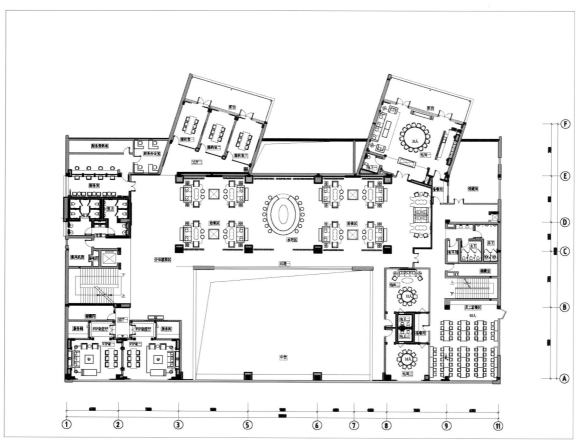

二层平面图

交·点
INTERSECTION

项目名称 _ 交·点 / 主案设计 _ 李渊 / 参与设计 _ 韩琴 / 项目地点 _ 陕西省西安市 / 项目面积 _1300 平方米 / 投资金额 _500 万元 / 主要材料 _ 石材、不锈钢、木墙板、皮质墙板等

A 项目定位 Design Proposition
本案力求打造城市西区域内的领先样板项目，拉动本区域同类项目的平均水平，培养更为优质的市场环境。

B 环境风格 Creativity & Aesthetics
宽、窄两根平行线是贯穿整个设计的装饰元素，在六个位面的空间内不断重复和变化，并产生不同形态的组合，进而发生交叉和重叠，就似市场供需关系中无数交点，而这些点本身就是产品开发所必须密切关注的核心，本案希望以此来表达业主对该项目寄予的希望，矛盾与冲撞固然存在，但最终呈现的是令各方满意的效果。

C 空间布局 Space Planning
面对入口 U 形平面布置，除了考虑功能的连贯性，更希望参观者感受到被拥抱般的关怀和关注。

D 设计选材 Materials & Cost Effectiveness
石材提升品质感，不锈钢带来更加精致的效果，木墙板和皮质墙板的搭配使用更贴近于使用者的舒适感受。

E 使用效果 Fidelity to Client
参观者好评如潮，成为本区域的标杆项目。

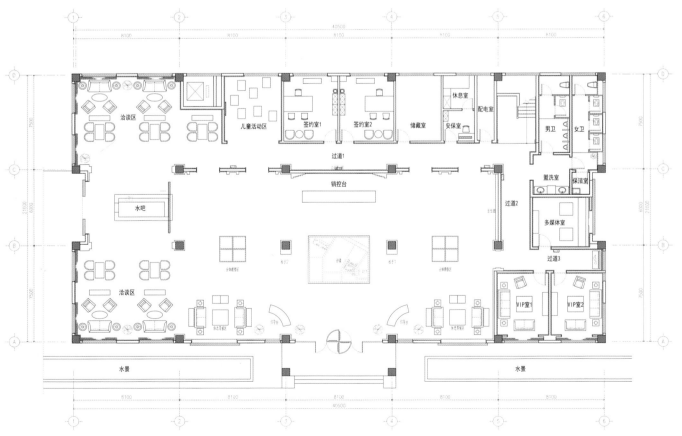

首层平面图

天津美年广场
LOFT 办公样板间
TIANJIN UNITED STATESINTHE SQUARE
LOFTOFFICE MODEL

项目名称 _天津美年广场 LOFT 办公样板间 / 主案设计 _殷艳明 / 参与设计 _万攀 / 项目地点 _天津市河西区 / 项目面积 _260 平方米 / 投资金额 _60 万元 / 主要材料 _PVC 等

A 项目定位 Design Proposition
案例的策划主要从客户实用角度出发，增强现场体验感及实用性，针对写字楼意向客户进行经营业态、办公区功能布局等对方面数据筛选，并针对部分具有代表性的客户进行考察，根据地理环境和市场需求定位为服装的贸易公司，区别于普通贸易公司，偏向更多的个性、时尚、年轻化。

B 环境风格 Creativity & Aesthetics
本案的空间设计追求时尚、简洁、商务舒适感强，主要针对办公室潮流趋势的发展，工作观念的改变，现代办公空间更多地着眼于体现工作与生活的有机融合、空间的更加开放和趣味性，以区别于其他方正、中规中矩的空间，在设计的构思中引入了"折面与交叉线形"的手法来打破传统的思维模式，以静制动，采用斜面切割和体块搭接的方式，让整个折面交叉的空间变得更加的灵活多变，充满节奏和律动感。

C 空间布局 Space Planning
一层：前厅前台接待、休息区、趣味办公区、开放办公区、洽谈区、会议室、形象展示区；
二层：洽谈等候区、开放办公区、董事长办公室、橱窗展示区。

D 设计选材 Materials & Cost Effectiveness
选材上的突破主要是运用了 PVC 编制地毯，材质的质地柔软轻薄、色彩明亮、易于清洁，在整个黑白灰色系的空间当中，局部通过黄色、绿色的点缀为整个空间注入一份休闲惬意的气氛。

E 使用效果 Fidelity to Client
在搜房网刊登，同时有各大电视剧组选择这里作为场景拍摄场地。

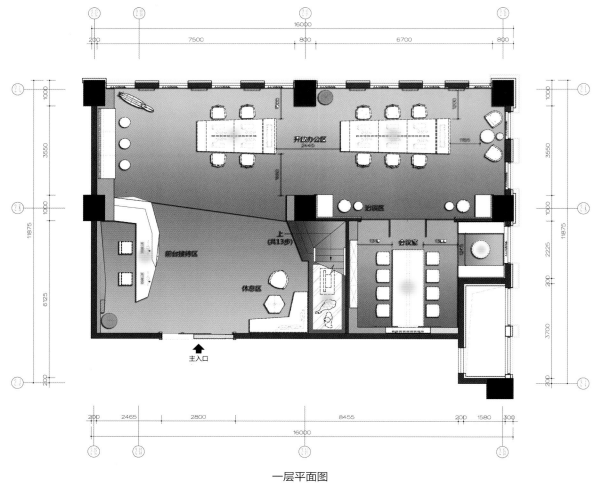

一层平面图

北京中粮瑞府 400 户型
THE GARDEN OF EDEN, BEIJING

项目名称 _ 北京中粮瑞府 400 户型 / 主案设计 _ 葛亚曦 / 参与设计 _ 周微、刘德永 / 项目地点 _ 北京市朝阳区 / 项目面积 _ 970 平方米 / 投资金额 _ 970 万元 / 主要材料 _ 大理石、青石等

A 项目定位 Design Proposition
北京中粮认为他们的客群是先于他人逐渐意识到生活趣味的一群人，是不易被物质打动的一群人。而我们则认为文化就是生活世界，中国思维总是一些以经验、历史为支撑的生活现场，正在发生的当下，与物质无关。于是，我们一拍即合。我们一直在说"生活美学"，我们始终坚持在做一件事，重建日常生活的神性。我们的创作、设计试图通过我们的独立记忆和体验创建一个经验的世界。

B 环境风格 Creativity & Aesthetics
谨慎的设计和敏感的陈设，悄无声息地开始，用双手完成一次平凡的升华，像砂石孕育成昂贵的珍珠。像尘埃，凝结生成磅礴的云雨；美好之物，折射着设计的心性，眼界、气度与襟怀。

C 空间布局 Space Planning
在保留传统中式风格含蓄秀美的设计精髓之外，将中式设计与当下居住理念与新技术新想法糅合，抛去繁冗，极简示人，表达人的精神诉求，呈现简约秀逸的空间，使环境和心灵都达到灵与静的唯美境界，迸发出更多可能性的联想。

D 设计选材 Materials & Cost Effectiveness
现代沉稳色调的沙发、贵气逼人的豹纹扶手椅交椅、火烧石桌对几巧妙并置融合，穿插有力量感的美国进口品牌 DENMAN DESIGN 纯铜边几和灯具，在比例、情绪和故事间平衡出了无限的舒适，链接起了空间的艺术性，将新中式的秀逸、力量与意趣呈现出来；餐厅强调用餐的秩序和礼仪，热忱迷人的朱砂红餐椅由设计师原创，铜色高级定制灯饰时尚瑰丽，水墨画质感清新，呈现艺术与生活的有机融合；卧室由再造品牌床榻，古董级茶几，设计将舒适功能和艺术品位融汇在一起，同时将现代元素带入空间，穿插些许中式意向，铜质窗帘强调材料静逸微妙的触感，空间被赋予了变化的层次，细节之美温暖着忙碌的心灵；楼梯间墙面材质为新型的青石材料。

E 使用效果 Fidelity to Client
艺术与文化，结合当代国际元素，达成内在与外部的双重统一，以"象外之意，景外之象"，"韵外之致，味外之旨"诠释空间的文化精神。

一层平面图

莲邦广场艺术中心
LOTUS SQUARE ART CENTER

项目名称 _ 莲邦广场艺术中心 / **主案设计** _ 邱春瑞 / **项目地点** _ 广东省深圳市 / **项目面积** _3000 平方米 / **投资金额** _5000 万元

A 项目定位 Design Proposition

整体建筑造型以"鱼"为创意,采用覆土式建筑形式,整个建筑与周边环境融为一体,外观像一条纵身跃起的鱼儿。该建筑与周边环境充分融合,覆土式建筑形式可供市民从斜坡步行至艺术中心顶部休闲娱乐,且同时可观赏到珠海、澳门景观。

B 环境风格 Creativity & Aesthetics

雨水回收:通过采集屋面雨水和地面雨水统一到达地面雨水收集中心,经过雨水过滤再利用输送给其他用途,如卫生间用水、景观用水和植被灌溉。 能源回收:建筑外墙体通过使用能够反射热量的低辐射玻璃,尽可能多地引进自然光,同时减少人造光源。建筑覆土式设计采用自然草坪,在一定程度上形成局域微气候,减少热岛效应、隔热保温,能够高效的促进室内外冷热空气的流动,降低室内温度到人体接受范围内。

C 空间布局 Space Planning

整体项目从"绿色"、"生态"、"未来"这三个方向出发规划。从建筑规划设计阶段开始,通过对建筑的选址、布局、绿色节能等方面进行合理的规划设计,从而到达能耗低、能效高、污染少,最大程度地开发利用可再生资源,尽量减少不可再生资源的利用。

D 设计选材 Materials & Cost Effectiveness

首先考虑建筑外观以及建筑形态,在达到审美和功能性需求之后,把建筑的材料、造型语汇延伸到室内,并把自然光及风景引进室内,将室内各个楼层紧密联系,人文环境相互动,是室内空间的节奏。

E 使用效果 Fidelity to Client

业主非常满意。

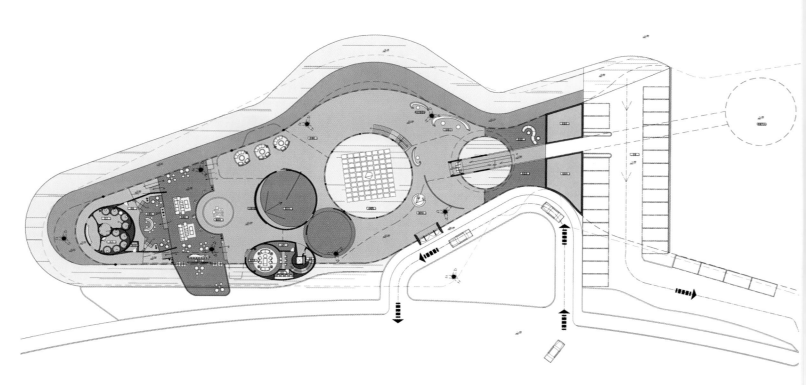

一层平面图

英伦骑士心·紫悦府
B 户型别墅
ENGLISH kNIGHTS HEART

项目名称 _英伦骑士心·紫悦府 B 户型别墅 / **主案设计** _韩松 / **参与设计** _姚启盛 / **项目地点** _河南省洛阳市 / **项目面积** _400 平方米 / **投资金额** _440 万元 / **主要材料** _木头、石材等

A 项目定位 Design Proposition
这个世界如果没有理想主义，人生还有什么意义，我们整天抱怨满目的物欲横流，却也心安理得地沦陷其中。总是梦想着别人是否会蹦出来成为那个可以粉身碎骨的好好英雄，却从来没想过自己是不是可以成为任性一把的堂吉诃德。 我心中持续向往的骑士精神，他优雅而粗矿，谦虚温和又孤傲勇敢，外表理性严谨，逻辑清晰，内心狂野不羁，感情用事，为了理想和原则可以放下我执和贪念……我们今日缺失的，将来迟早要补上。

B 环境风格 Creativity & Aesthetics
英伦风格。

C 空间布局 Space Planning
空间序列，轴线关系。

D 设计选材 Materials & Cost Effectiveness
木包石的做法。

E 使用效果 Fidelity to Client
一致好评！

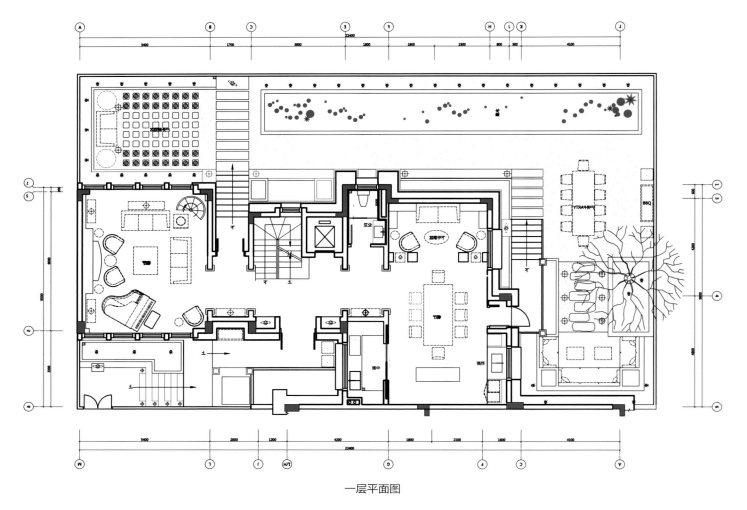

一层平面图

庄生梦蝶·苏州建发地产
中决天成售楼处
JOSON BUTTERFLY DREAM

项目名称 _ 庄生梦蝶·苏州建发地产中决天成售楼处 / **主案设计** _ 韩松 / **项目地点** _ 江苏省苏州市 / **项目面积** _ 550 平方米 / **投资金额** _ 275 万元

A 项目定位 Design Proposition

无论个人或人类的发展都会经历两个过程。第一个过程即人性对动物性的超越，即文明、社会、规则、安全；第二个过程却是对人性的超越，往往体现为宗教或哲学上的形而上，或终极的神性。我个人理解为精神上人性束缚的自由和解放。而在当下社会的剧烈发展和变革中，我们每个人都无一幸免地时时刻刻经受着人生意义的纠解和拷问，茫茫宇宙，何处投人？普遍的精神困局来自于无法对人生现实目的性的超越，即超越功利、欲望、知识等一切的束缚。因为"我执"的无法放下，使这一过程何其艰难。碰巧读了"庄生梦蝶"的小故事，会意于庄周竟用如此浪漫诗意的智慧追求自由。虽然充满悲剧性的惆怅，但也让人读来神清气爽，希望满怀。作为设计师，我们常常会体悟到语言文字对人的智性的表达是有很多的障碍，而视觉表达作为一种语境，往往能摆脱这种困境。正好也借用这个小故事的灵感，让每一位来访的体验者都能有各自不同的说不清的愉悦和放松。当然我们也奢想而不敢妄言，能引起暂时的精神脱轨，思想的自由……如能此，我们的努力将善莫大焉。每个人都在追求人生的答案。每当我读到下面这段文字，心中充满透彻和感动。"南有悬樋，以成清水；近有林，以拾薪材，无不怡然自得。山故名音羽，落叶埋径，茂林深谷，西向晴空，如观西方净土。春观藤花，恰似天上紫云。夏闻郭公，死时引吾往生。秋听秋蝉，道尽世间悲苦。冬眺白雪，积后消逝，如我心罪障。"——方丈记

B 环境风格 Creativity & Aesthetics

保证各空间的独立性和完整性。

C 空间布局 Space Planning

增加全新的功能体验，在商业行为中加入文化和艺术气质。增加孔家序列所带来的礼仪感，强化尊贵感和丰富的视觉空间体验。

D 设计选材 Materials & Cost Effectiveness

空间透叠。

E 使用效果 Fidelity to Client

一致好评！

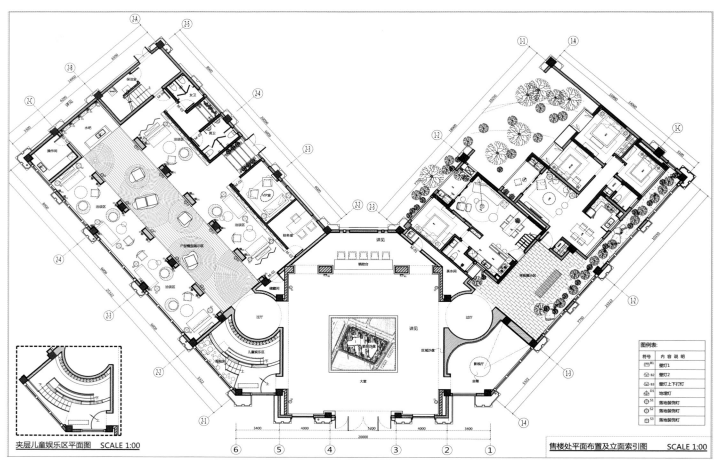

夹层儿童娱乐区平面图　SCALE 1:00

售楼处平面布置及立面索引图　SCALE 1:00

一层平面图

SG·珊顿道销售中心
SG. SHENTON WAY. SALES CENTER

项目名称 _SG·珊顿道销售中心_ / 主案设计 _赵绯_ / 项目地点 _四川省成都市_ / 项目面积 _780 平方米_ / 投资金额 _300 万元_ / 主要材料 _亚克力等_

A 项目定位 Design Proposition
该项目设计主题为时光公园，现代明快和简单的生活，让我们对于公园的记忆逐渐淡去，而高楼、马路和喧嚣陪伴着我们的生活一如即往，在时光流转的刹那，我们总想回到充满阳光和洒脱的从前，享受奔跑在乐园中的快乐。

B 环境风格 Creativity & Aesthetics
虽然身在都市楼宇中，我们总希望能带给自己暂时畅想在园中享受自然情景时的愉悦。

C 空间布局 Space Planning
转角处用别样造景来连接前后功能区，利用建筑地面的高差来组织交通动线让人拾级而上，在空间中制造柱和廊的形式又让人信步闲庭。

D 设计选材 Materials & Cost Effectiveness
亚克力材料来控制光影，塑造光的形体，用天然材料的原质感和肌理图案表达自然和时间给我们的感触。

E 使用效果 Fidelity to Client
无论是小坐洽谈，或去登高一观，还是实质阶段，都能在这回旋自如的室内园中自然发展。

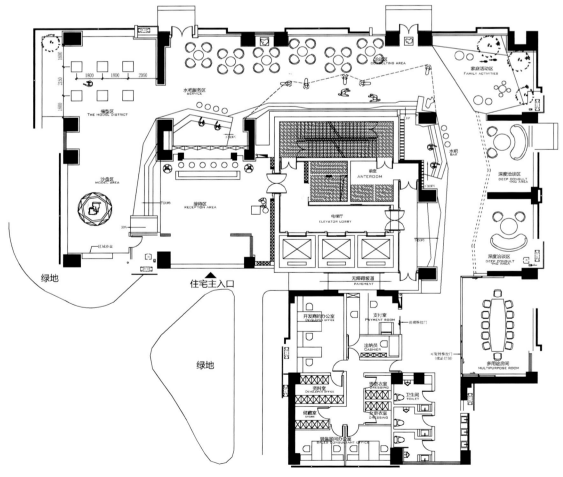

平面图

品生活
LIFE TASTE

项目名称 _ 品生活 / 主案设计 _ 张祥镐 / 参与设计 _ 沈蕙萍 / 项目地点 _ 台湾台北市 / 项目面积 _ 80 平方米 / 投资金额 _ 80 万元

A 项目定位 Design Proposition

童年时期的回忆，有着最原始的纯真，让人莫忘原味生活，初心回归。材料搭接及复合媒材的精神脱离纯粹视觉欣赏的领域，从中探取深度，创造出空间概念，雅致更衣室，背墙面贴黑色烤漆玻璃搭配，台面绒布展现精品般的华丽，灯光点缀出每件单品时尚无可取代。

B 环境风格 Creativity & Aesthetics

设计，透过视觉与触觉感受空间应该有的包容与温度，依循着不同媒材的转化、衍生，探究其本质与风格的表现。流行的符码，可以借由空间构组元素主张、定义、强化，经由不同搭接手法，转述设计的美好。

C 空间布局 Space Planning

长向序列层次，原先空旷的平面藉需求的考虑界定布局，当空间位置大致底定，即是品味与生活的人文态度进驻。全案以沉淀的暗色系铺叙，源于张祥镐设计总监认为过黄的温暖色调容易造成空间 陈旧的视感，因此运用无彩度的灰、黑提振整体精神，提升空间骨感，构筑一室温润而沉静的生活场域。

D 设计选材 Materials & Cost Effectiveness

开放性的室内格局导引单纯的动线成立，大量的纵向组件演绎线性语汇拉长空间尺度，同时采取玻璃拉门于室内开阖游移，令室内各处皆可共享阳台的植栽绿意，仿如电影场景的布置，使空间衍生近、中、远的渐深层次，而室内的素材以铁件、不锈钢、实木和石材细腻堆栈，于墙体之间交织都会人文的舒活宅邸。

E 使用效果 Fidelity to Client

隐于自然，都市人们成日穿梭水泥楼宇，心灵被生活压力追赶着喘不过气，偶想逃离城市喧嚣奔赴自然绿意，抒放压抑已久的情绪。本案位于新店郊区，在群山环绕的区域条件里，导入休闲会所式的设计概念，空间内涵汇集美学品味与人文个性，借此拔擢物质精神的生活水平，使干涸的心灵因此得到滋养。

平面图

中国华商集团
销售会馆·城市地景
URBAN PAVILION

项目名称 _ 中国华商集团销售会馆·城市地景 / 主案设计 _ 邵唯晏 / 参与设计 _ 林予帏、王思文、庄政霖、李金沛 / 项目地点 _ 四川省成都市 / 项目面积 _2475 平方米 / 投资金额 _ 1000 万元 / 主要材料 _ 电膜玻璃等

A 项目定位 Design Proposition
城市地景。

B 环境风格 Creativity & Aesthetics
强调工艺性的室内地景 我们将室内的空间对象视为室外地景的延伸，并强调其工艺性 (crafting)，不将空间的对象视为单一元素，而企图将其转换成一室内的地景。大厅天花的部份开了四个天井，将外部光线导入室内，并透过 3200 颗的订制灯具，透过数字等差的运算创造出如云彩般的灯海，晶莹剔透的玻璃珠在白天与夜晚都有着迷人的折射效果。另外，底端高十米的墙体，是透过由三角形断面随机运算所构成的一数大成美的既庄严又富趣味的视觉端景底墙。主楼梯的设计也是相同的理念，将展演舞台融入，创造出可配合活动使用的地景舞台楼梯，侧面的收边是透过不同进出面的构成来处理，透过细节的处理更说明了团队对于工艺性的追求。

C 空间布局 Space Planning
接口的解构与再定义在整体空间设计上我们企图透过解构与再定义来回应当代追求的艺术性与暧昧性，例如在男女厕所的平面布局上都有"两进"的设计，透过第一进的"挡"来缓合空间和增加私密性；而入口设计的部份则透过一"L"的造型将平凡无其的门共构成一整体，弱化"门"的元素而强调"入口"的意象，也解构再定义了传统认知上对于"门"的定义。

D 设计选材 Materials & Cost Effectiveness
对于"墙"这个空间中的重要元素我们也有许多想法，比如一楼会谈空间旁的第三道主墙体是将"中国华商集团"的"华"字，将其简体字转译后再随机运算所创造出一虚介质，既连结又阻隔内外间的对话。再者，二楼的会议室的主墙面，我们更直接地使用了数字控制的电膜玻璃，设计上我们将会议室的正面放在参观动线的视觉端景上，透过感应电膜玻璃产生的实虚变化来回应参观者的活动，当墙体的虚实开始与用户互动，若隐若现的接口重新诠释了内与外、私与公的关系，重新定义了"墙"这个重要的空间元素。

E 使用效果 Fidelity to Client
区域感的塑造。

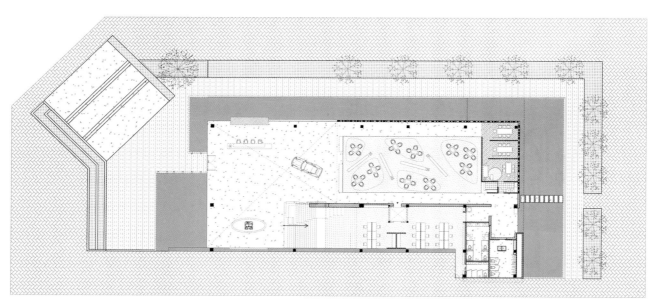

一层平面图

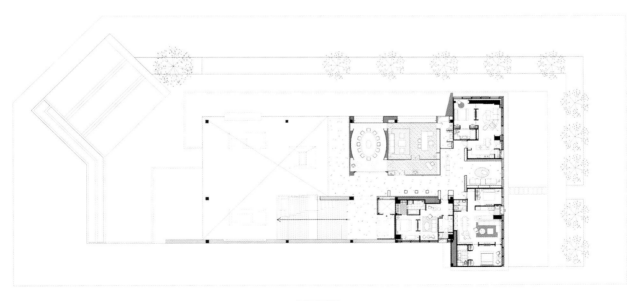

二层平面图

Retail

零售空间

成都 方 所 书 店
F A N G S U O
BOOKSTORE IN CHENGDU

巴鲁特男装轻奢生活馆
BRLOOTE MEN'S LIFE

ISITCASA 家 具 馆
ISITCASA N.EURO
FURNITURE STORE

荣宝斋咖啡书屋
RONGBAOZHAI
COFFEE BOOKSTORE

FORUS
F O R U S

孤楼·ISSI 设计师时装品牌集合店
THE LONE BUILDING ISSI
DESIGNER CLOTHING COLLETIONSTORE

逸舒之家 2015 少年宫店
THE HOME OF EASE AT
CHILDREN'S PALACE IN 2015

林茂森茶行·新释甘味
LIN MAO SEN TEA STORE.
NEW. RELEASE. SWEETNESS.

成都方所书店
FANGSUO BOOKSTORE IN CHENGDU

项目名称_成都方所书店 / **主案设计**_朱志康 / **参与设计**_贾璐、黎流针、黎合 / **项目地点**_四川省成都市 / **项目面积**_5508 平方米 / **投资金额**_无 / **主要材料**_铜、铁等

A 项目定位 Design Proposition

书不一定代表着文化，文化也不是只有书！方所不应该定位为一个书店，应该是一个乘载着智慧／文化／生活态度的殿堂，代表着希望，是一扇追求更高心灵质量的大门。

B 环境风格 Creativity & Aesthetics

这个商业项目是以大慈寺为中心，四周开发为商业街，方所书店位于商业街的负一层。大慈寺是当年中国唐代玄奘出家的地方，后来去西天取经。台湾设计师朱志康便想用这个典故作为书店的设计发想！像是中国人从过去就为了找寻古老智慧的发源地而苦心劳志，甘之如饴。本项目正好在地下室，就像是将全世界从古至今的知识都搬来藏在大慈寺地下，直到方所出现后被挖掘出来。鉴于此就有了一个创造埋藏已久地下传奇"藏经阁"的想法。藏经于洞穴的情境：大切割面的水泥柱，阁楼的藏书柜，穿越书柜中间的空桥及猫道。所有的材料都最原始朴实地呈现。

C 空间布局 Space Planning

在空间设计上面运用了很多高压后释放的设计手法，像是体会进入山洞时穿过神秘隧道，再看到主圣殿空间的惊奇！9米的挑高，硕大的水泥柱，予人进入圣殿看到希望般的感动。方所书店带给人们的不只是其承载的文化、生活的态度，我们更想要为消费者创造的是一扇沉浸心灵，通往希望的大门。

D 设计选材 Materials & Cost Effectiveness

空间中大量使用的黑铁，表面是特殊防锈漆，不仅保护金属的表面，也保存了黑铁的样貌，另外室外的入口的装置，是以铜与铁为主要材质，再经过空气与雨水的洗礼，时间会在其上留下痕迹。

E 使用效果 Fidelity to Client

窝是四川人生活休闲的一种态度，他们到哪里都要有"窝"的空间，不论是郊游登山、逛街购物，都要打牌、聊天、喝茶、喝咖啡、吃点心这样能坐下来的地方，所以我们设计了很多能坐下来的角落，可以窝在那儿看书，静静地感受书和心灵。

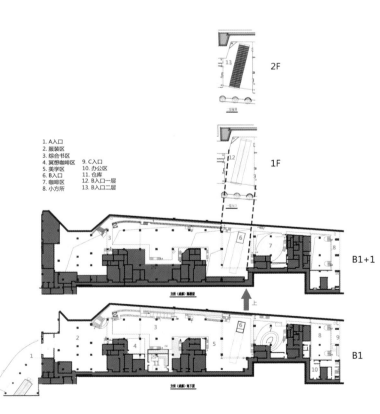

1. A入口
2. 服装区
3. 综合书区
4. 冥想咖啡区　9. C入口
5. 美学区　　　10. 办公区
6. B入口　　　11. 仓库
7. 咖啡区　　　12. B入口一层
8. 小方所　　　13. B入口二层

2F

1F

B1+1

B1

总平面图

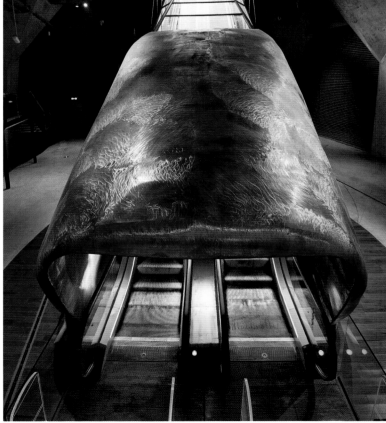

巴鲁特男装轻奢生活馆
BRLOOTE MEN'S LIFE

项目名称_ 巴鲁特男装轻奢生活馆 / **主案设计**_ 谢银秋 / **参与设计**_ 徐梁 / **项目地点**_ 浙江省金华市 / **项目面积**_280 平方米 / **投资金额**_65 万元 / **主要材料**_水泥、钢材等

A 项目定位 Design Proposition
巴鲁特男装轻奢生活馆坐落于绍兴柯桥万达广场这座时尚大卖场之中，独特的冷酷风格让巴鲁特男装在这座时尚大厦里独树一帜，自成一派，也让来往的人们眼前一亮，欲探其妙。

B 环境风格 Creativity & Aesthetics
灰空间的旋律在这个空间里相互交织，硬朗的线条、裸露的材质，无一不在叫嚣着巴鲁特的独一无二。整个空间的设计，是巴鲁特男装的延生和续写。

C 空间布局 Space Planning
用建筑的方式来表现空间结构，几何造型的楼梯是这个空间的一大亮点，既连接了上下层空间，又含蓄地做了遮挡，避免了一目了然的无趣感。钢筋网架半通透的感觉，搭配绿植，很好地起到了氛围效果，在整个硬朗的空间内由增添了一丝柔和。

D 设计选材 Materials & Cost Effectiveness
设计师采用原始的建筑材料，水泥与钢材的碰撞，硬朗的风格处处彰显着男士的沉稳与内敛。

E 使用效果 Fidelity to Client
巴鲁特男装轻奢生活馆以其出众的设计，别具一格的气质，吸引了大批顾客的青睐，不停地引领着男士的轻奢时尚。

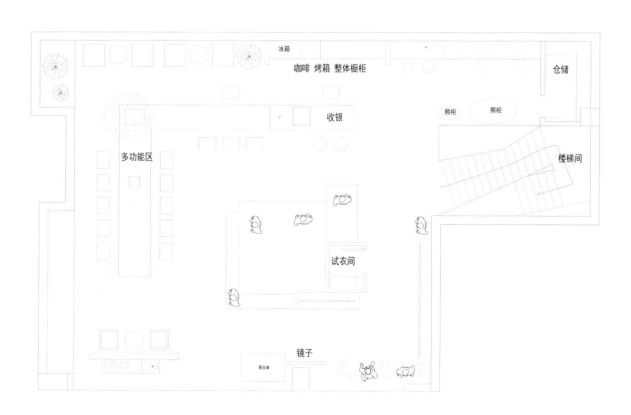

冰箱

咖啡 烤箱 整体橱柜

仓储

收银

熊柜　熊柜

多功能区

楼梯间

试衣间

镜子

展台桌

平面图

ISITCASA 家具馆
ISITCASA N.EURO FURNITURE STORE

项目名称 _ISITCASA 家具馆 / 主案设计 _ 洪文谅 / 项目地点 _ 台湾台北市 / 项目面积 _198 平方米 / 投资金额 _60 万元

A 项目定位 Design Proposition
设计，从生活需要谈起，想要与需要不同，生活应该是简单的，在了解行为模式、互动情感之后，将"需要"透过设计落实。

B 环境风格 Creativity & Aesthetics
空间不过于琐碎或分割，藉由流动的动线，一步一景地透过视觉传递，触及内心对于生活的深度情感，改变家具陈列尺度，也将 PP MØBLER 的手作精神态度与设计涵养呈现，从悠缓推开大门、嗅得满室木香开始，即心领神会。

C 空间布局 Space Planning
串联人与生活、与情感、与自然的生成关系，室内回字型的动线概念，取自生生不息的寓意，要让眼光及感受都是舒畅、无压、且悠哉的，感受生活、享受生活。这是对于在 ISITCASA 每个品牌背后设计者的一种虔敬之意。去化商业店头的展示窠臼，以"家"的方式，温暖地迎接欣赏目光，也是我们回馈他们热衷于手作精工工艺的一份关切与感念。

D 设计选材 Materials & Cost Effectiveness
材料的运用，是在"设计不必要做得比它所需要的还复杂"的理念下进行。我们"用最少的材料来完成一件作品"，以秩序性的方式呈现，不是单靠材质的特性或颜色的加持，简化媒材，其实是在反映一种不争的生活态度。

E 使用效果 Fidelity to Client
在空间里，自然呈现北欧经典家具的原创精神，给予角落或区域聚焦的所在，白色与原木的温润共鸣，PP MØBLER 的 PP512 伫立其间，成为 ISITCASA 与人的第一印象。由着阳光自绿叶间筛落而下的疏落光影，1:5 纯粹手作模型精工，解构 Hans J.Wegner 的设计初衷，率先藉由清玻屏障，与人四目相交。

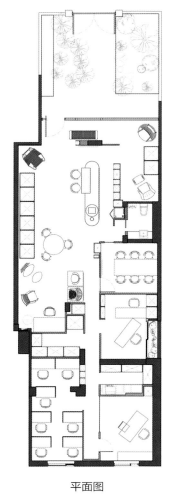

平面图

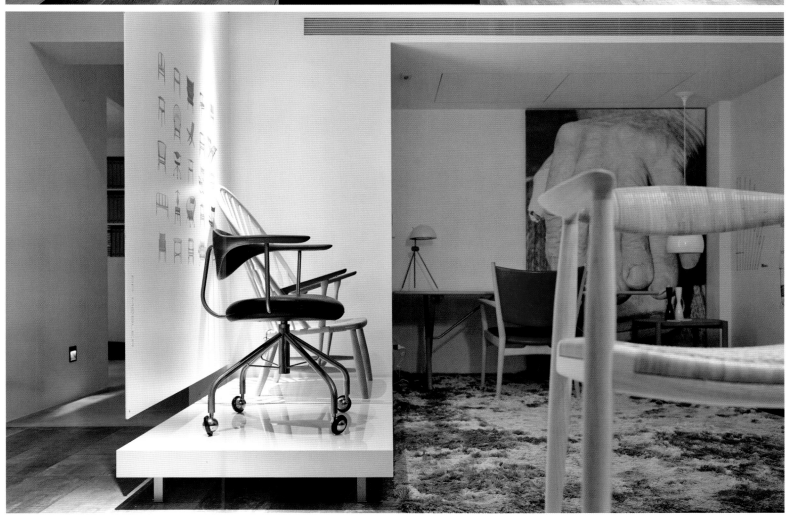

荣宝斋咖啡书屋
RONGBAOZHAI COFFEE BOOKSTORE

项目名称 _荣宝斋咖啡书屋 / **主案设计** _韩文强 / **参与设计** _杨滨林、黄涛、李云涛 / **项目地点** _北京市西城区 / **项目面积** _293平方米 / **投资金额** _100万元 / **主要材料** _铁等

A 项目定位 Design Proposition

项目位于京城知名的琉璃厂古文化街街口，原本是一家经营中国书画出版物与古籍图书的书店。荣宝斋咖啡书屋就是尝试将书屋与咖啡厅进行业态混合，以复合的经营模式和多样的体验来吸引更多的读者参与。伴随着一杯浓香的咖啡，人与人、人与书、人与自然交流对话，营造慢节奏的轻松、舒适的阅读环境。

B 环境风格 Creativity & Aesthetics

为了改变传统书店粗重、刻板的形象，新的设计利用通透、轻盈的铁制书架整合功能、交通、设备与照明，并将绿色植物置入其中，使得新的内部空间界面更加连续开放和富于生机。

C 空间布局 Space Planning

基于建筑原有的柱网，室内呈现出环状的空间结构：中央区域为岛式空间，周边为铁制书架墙体。首层中心岛做为收银台及咖啡操作台；二层由调光玻璃围合成一个发光的盒子作为会议室。调光玻璃可改变内外的透明状态，让会议室使用更加灵活。中心岛通过软膜天花形成均匀的整体照明，宛如室内的灯笼，而咖啡座则围绕中心散布于周边。

D 设计选材 Materials & Cost Effectiveness

铁制书架采用1cm×1cm的实心铁条作为竖向支撑，1cm×30cm的铁板作为层板，利用激光切割裁切掉每层立柱的切口，之后由下至上依次焊接完成。穿插于铁质书架之间的植物既能让读者感受到自然，同时可以有效调节室内微气候。植物盒底部安装LED灯带，可为阅读提供间接照明。室内植物主要选择喜阴的蕨类植物，高处的植物盒里布置了攀缘灌木。而香草类的薄荷，碰碰香等小型植物则放置在窗前及咖啡桌上。咖啡书屋将成为人们在琉璃厂逛街购物之余一处新的休闲之所。安坐其间，咖啡、书籍、植物与人共处，室内弱化成一个环境背景，成为激发人的体验和感受的场所。

E 使用效果 Fidelity to Client

这条街目前只有买卖书画的商店，书屋将是这条街第一家人可以坐下来喝咖啡的书店。改变完全的目的性消费模式，变为体验式，看书和喝咖啡，就是一处休闲场所，补充所在场地单一的业态模式。

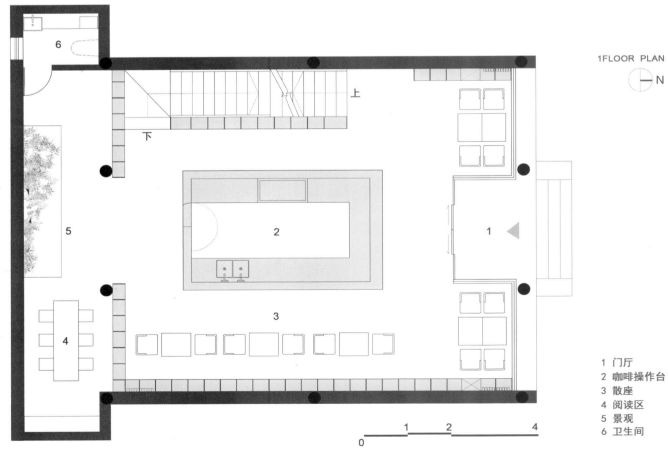

1 门厅
2 咖啡操作台
3 散座
4 阅读区
5 景观
6 卫生间

1FLOOR PLAN

N

0 1 2 4

一层平面图

FORUS
FORUS

项目名称 _FORUS / 主案设计 _ 李超 / 参与设计 _ 朱毅、庄养涛 / 项目地点 _ 福建省福州市 / 项目面积 _300 平方米 / 投资金额 _30 万元 / 主要材料 _ 钢化玻璃、墙纸、花砖等

A 项目定位 Design Proposition

业主"Forus"为高端定制的婚纱机构，设计师根据该婚纱机构的针线及蕾丝等元素，结合了建筑 Loft 的工业风格，思考如何将蕴含于空间内的空间本质挖掘而出。

B 环境风格 Creativity & Aesthetics

设计师最后将糅合后的婚纱浪漫感性元素及 loft 工业风的粗犷硬朗元素散碎在空间中，两者结伴同行相映成趣。

C 空间布局 Space Planning

入门的异形玄关墙，背后是定制婚纱的工作室，工作室入门是镜面旋转门，另一侧是透明的钢化玻璃，工作室的上方是独立的休闲区。

D 设计选材 Materials & Cost Effectiveness

整个空间中门头的立体钢架及内部钢架的结构，通过不同类型的玻璃——钢化玻璃及镜子的穿插运用，配以蕾丝花纹的墙纸、混搭抢眼的花砖，将空间封装在其中，立体干净的结构是该空间诉说的主题。

E 使用效果 Fidelity to Client

异形的门头造型吸引了不少路人驻足观看，内部空间的风格特点更让客户耳目一新，留下了深刻的印象。

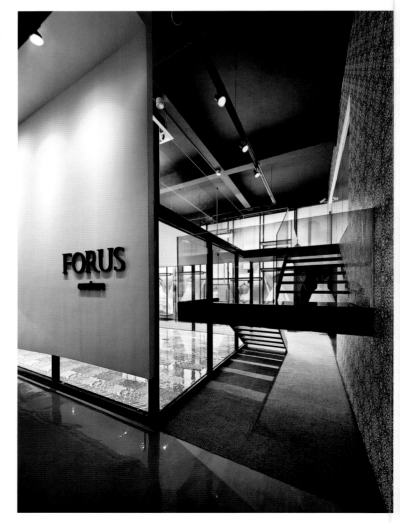

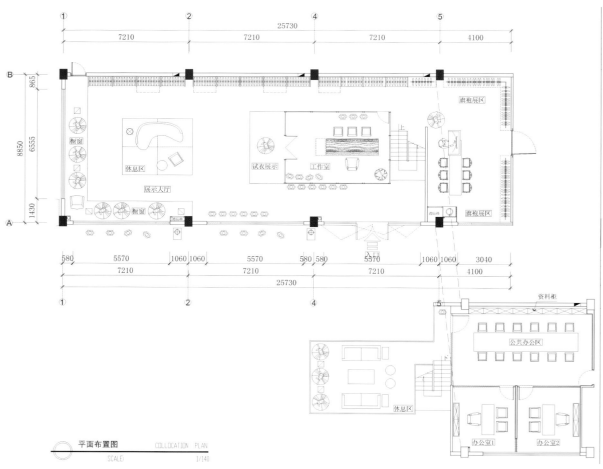

平面布置图   COLLOCATION PLAN
SCALE: 1/140

孤楼·ISSI 设计师时装品牌集合店
THE LONE BUILDING [ISSI] DESIGNER CLOTHING COLLECTION STORE

项目名称 _ 孤楼·ISSI 设计师时装品牌集合店 / **主案设计** _ 胡武豪 / **参与设计** _ 黄淼、胡华冰、陈浩 / **项目地点** _ 上海市虹口区 / **项目面积** _1800 平方米 / **投资金额** _300 万元 / **主要材料** _ 钢材、木材等

A 项目定位 Design Proposition

ISSI 的品牌定位是打造中国最大的设计师时装集合地,上海作为中国的时尚潮流窗口,ISSI 选址在这安静的北外滩,更多了一份高傲。上海是中国的魔都,ISSI 的空间同样更有魔力!

B 环境风格 Creativity & Aesthetics

入口的石材大门套与复古做旧的木质屏风,体现了老上海悠久的历史文化,更不失 ISSI 外滩 style 的腔调;进入大门,眼前霸气的弧形旋转楼梯使整体空间一楼、二楼、三楼、是那么的整体,没有过多的装饰,但是白色喷漆的钢结构基础和玻璃木质的栏杆扶手是那么的精致时尚;一楼的男装区色彩纯粹,白色、铁本色、实木人字地板,复古吊灯,这些组合仿佛是一个集所有有点于一身的完美男人。上楼梯到二楼,正面灰色混泥土形象墙上铁本色的层板上白色 LOGO 是如此醒目,进入大厅左边区域是产品陈列区,右边是时装秀场区,露台是时尚 BAR。产品陈列区设计师围绕中间试衣区,设计了以玻璃为隔断的循环动线,若影若现,空间层次清晰,产品琳琅满目;秀场区泥墙拱门的隔断和对面白色超高钢架外立面隔空对话,仿佛在探讨时尚的话题;时尚 BAR 的区域,设计师利用露台护墙做了全上海最长的吧台,一个个定制台灯坐落在台面,绝对是北外滩一道靓丽的风景线。

C 空间布局 Space Planning

整体空间有三部分内容:一楼设计师时装品牌、二楼时装秀场、时尚 BAR;空间动线以回型循环动线结构,从入口开始,每一位宾客可以自然地欣赏完空间中的任何商品。

D 设计选材 Materials & Cost Effectiveness

设计师综合分析了品牌文化特性和地域文化背景,在空间中以灰色的建筑混泥土原结构为基础,利用铁本色的材质货架陈列,泥墙和白色挑高钢结构建筑体的完美对撞,玻璃隔断与木本色家具的冷暖呼应,使整体空间浑然一体,简洁而不失细节!

E 使用效果 Fidelity to Client

ISSI 现在已经在圈内成为知名潮流圣地,特别是秀场空间,各大知名品牌已经陆续在此开完产品发布会,效果赞不绝口。

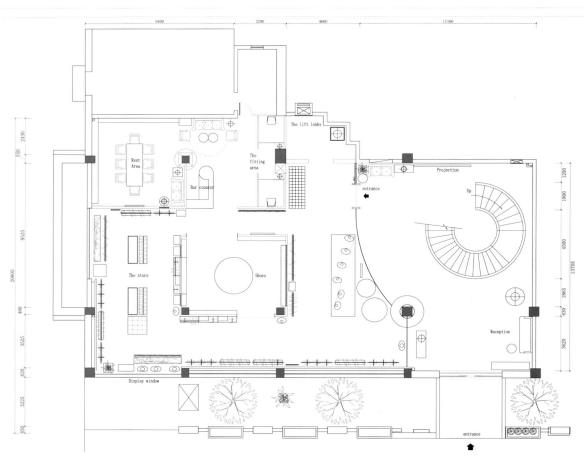

一层平面图

逸舒之家 2015 少年宫店
THE HOME OF EASE AT CHILDREN'S PALACE IN 2015

项目名称 _ 逸舒之家 2015 少年宫店 / 主案设计 _ 王冬梅 / 项目地点 _ 山西省太原市 / 项目面积 _240 平方米 / 投资金额 _90 万元 / 主要材料 _ 钢板、爵士白理石、砂岩柱等

A 项目定位 Design Proposition
在充满各种大牌店面与小资小店的二线城市太原，此案为真正热爱生活，又追求品味的知性女性打造一处贴身亲密的服饰体验空间。

B 环境风格 Creativity & Aesthetics
此案以现代简约与复古情怀有机结合手法，对于正在发展中的二线城市太原来说，是一种新的气息被展现出来。

C 空间布局 Space Planning
不同的销售区域被无规则地划分开，在店面的尽头打造出一处郁郁葱葱的花园，给客人一种惊喜、一种幸福。

D 设计选材 Materials & Cost Effectiveness
为了营造一种简约与时尚，利用了黑色钢板的吧台与墙体，纯洁的爵士白理石以及饱含禅意的砂岩柱，还有被保留的水泥柱体。

E 使用效果 Fidelity to Client
此案做到去繁存简，充满创意的博爱境界，客人可以抛开自己的主观主张，充份体验这种随意的品味，拥有感情的空间，寻找想念的文艺气息。

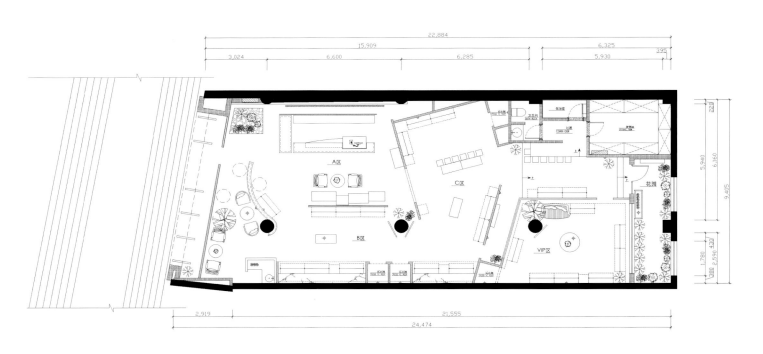

平面布置图

林茂森茶行·新释甘味
LIN MAO SEN TEA STORE. /
NEW. RELEASE. SWEETNESS.

项目名称 _ 林茂森茶行·新释甘味 / 主案设计 _ 杨竣淞 / 参与设计 _ 罗尤呈 / 项目地点 _ 台湾台北市 / 项目面积 _215 平方米 / 投资金额 _150 万元

A 项目定位 Design Proposition
传统饮茶仪式，从概念、视觉，到设计、结构、氛围，传递美好精致的体现。

B 环境风格 Creativity & Aesthetics
回归隐敛自然的编织工艺，于天花线条间舒张、释放，材料透过生态性的反省，揉以新旧概念，产生一种自由感，与城市环境共生。

C 空间布局 Space Planning
由对称罗列秩序，隐喻东方民居空间质感，衍生价值原则。

D 设计选材 Materials & Cost Effectiveness
回归隐敛自然的编织工艺，于天花线条间舒张、释放，材料透过生态性的反省，揉以新旧概念，产生一种自由感，与城市环境共生。

E 使用效果 Fidelity to Client
静观环境的演绎传承，新旧概念相映交融，以仪式性的型态企图，在商品与消费互动的过程中，彰显人文意涵，将机能、动线、陈列透过美学意涵，还原出企业精神初衷。

金堂奖

2015中国室内设计年度评选
年 度 优 秀 设 计 作 品 展 示

金堂奖·2015中国室内设计年度评选
年度优秀设计作品展示

1	2	3	4	5
6	7	8	9	10
11	12	13	14	15
16	17	18	19	20
21	22	23	24	25

酒店优秀设计作品1-25　　　排名无先后顺序

酒店空间

项目面积单位：平方米
投资总额单位：万元

1.
作品名称：惠州金海湾喜来登酒店二期总统会所
参 评 人：深圳市黑龙室内设计有限公司
设 计 师：王黑龙、王铮、周勇
项目面积：4800
投资总额：1344
项目地点：广东惠州市

2.
作品名称：贵州安顺万绿城铂瑞兹酒店
参 评 人：上海现代建筑装饰环境设计研究院有限公司
设 计 师：周诗晔、何嘉杰、杨佳慧
项目面积：33000
投资总额：15000
项目地点：贵州安顺地区

3.
作品名称：榕树下的家·蓝城悦榕精品文化酒店
参 评 人：李道宝
设 计 师：缪起友、陈雪松
项目面积：5000
投资总额：3000
项目地点：四川成都市

4.
作品名称：私享城市酒店
参 评 人：高雄
项目面积：1500
投资总额：250
项目地点：福建福州市

5.
作品名称：桔子水晶酒店
参 评 人：南京名谷设计机构
设 计 师：潘冉
项目面积：570
投资总额：285
项目地点：江苏南京市

6.
作品名称：花迹酒店
参 评 人：余平
设 计 师：马喆、逯捷、蒲仪军
项目面积：1300
投资总额：500
项目地点：江苏南京市

7.
作品名称：山西太原君豪铂尊酒店（精品店）
参 评 人：吕氏国际室内建筑师事务所
设 计 师：吕军、杨凯、姜斌、魏文星、陈少漫、梁豪宏、肖发明、黎东辉、蔡杰
项目面积：6000
投资总额：1500
项目地点：山西太原市

8.
作品名称：上海崇明明珠湖度假酒店
参 评 人：王传顺
项目面积：10000
投资总额：2500
项目地点：上海崇明县

9.
作品名称：济南禧悦东方酒店
参 评 人：王远超
设 计 师：何勇、吕韶华、崔越、张述方、庄鹏、庞永甲、陈志杰、贾志远、闫海收、杜帅、王冠、蒋莹莹、贾铭莉、王桂朋、王凡
项目面积：50000
投资总额：22000
项目地点：山东济南市

10.
作品名称：青茶民宿
参 评 人：查波
设 计 师：陈波、冯陈
项目面积：390
投资总额：150
项目地点：浙江杭州市

11.
作品名称：云平汇
参 评 人：杨焕生、郭士豪
项目面积：605
投资总额：7000
项目地点：台湾台中市

12.
作品名称：雅诗阁大连盛捷天城服务公寓
参 评 人：广州市铭唐装饰设计工程有限公司
设 计 师：梁礎夫、彭福龙
项目面积：1100
投资总额：580
项目地点：辽宁大连市

13.
作品名称：广州花之恋主题酒店
参 评 人：周远成
设 计 师：刘进江
项目面积：52000
投资总额：48000
项目地点：广东广州市

14.
作品名称：宜春恒茂御泉谷国际度假山庄
参 评 人：赵牧桓室内设计研究室
设 计 师：赵牧桓
项目面积：23000
投资总额：0
项目地点：江西宜春市

15.
作品名称：六和行馆精品度假酒店
参 评 人：杨臻
设 计 师：张如溪
项目面积：706
投资总额：426
项目地点：云南大理白族自治州

16.
作品名称：武汉鲁广纽宾凯国际酒店
参 评 人：J&S国际设计联合机构
设 计 师：李婕
项目面积：38000
投资总额：760
项目地点：湖北武汉市

17.
作品名称：大慈寺文化商业综合体
参 评 人：蔡敏希
项目面积：22775
投资总额：493
项目地点：四川成都市

18.
作品名称：成都峨眉雪芽大酒店
参 评 人：深圳市胡中维室内建筑设计有限公司
设 计 师：胡中维
项目面积：20000
投资总额：9000
项目地点：四川成都市

19.
作品名称：大理沐村原创艺术空间
参 评 人：何靓
设 计 师：陈雨航、段倩云
项目面积：3000
投资总额：800
项目地点：云南大理白族自治州

20.
作品名称：成都梵熙精品酒店
参 评 人：汤双铭
设 计 师：王新媛、王漫阳
项目面积：4000
投资总额：1200
项目地点：四川成都市

21.
作品名称：苏州苏舍精品酒店
参 评 人：无锡东喆建筑装饰工程有限公司
设 计 师：倪健、吕欣、祁锦、李彦均
项目面积：1200
投资总额：200
项目地点：江苏苏州市

22.
作品名称：爷爷家青年旅社
参 评 人：何崴
设 计 师：张昕、陈龙、韩晓伟、李强、周轩宇、陈煌杰
项目面积：270
投资总额：20
项目地点：浙江丽水市

23.
作品名称：珠海长隆马戏酒店
参 评 人：广州集美组室内设计工程有限公司
设 计 师：徐婕媛、陈向京、曾芷君、张宇秀、陈志和、李江南
项目面积：46600
投资总额：2000
项目地点：广东珠海市

24.
作品名称：璞悦良舍度假酒店
参 评 人：陈纪进
项目面积：680
投资总额：80
项目地点：浙江温州市

25.
作品名称：郑州JW万豪酒店
参 评 人：上海达克米勒设计咨询有限公司
设 计 师：Eric D Ullmann、Stephanie Clift、Martin Fan
项目面积：237600
投资总额：150000
项目地点：河南郑州市

1	2	3	4	5
6	7	8	9	10
11	12	13	14	15
16	17	18	19	20
21	22	23	24	25

排名无先后顺序

酒店优秀设计作品1-5　办公优秀设计作品6-25

项目面积单位：平方米
投资总额单位：万元

1.
作品名称：LIFE 酒店
参 评 人：WHD 后象设计师事务所
设 计 师：周翔、陈彬
项目面积：5000
投资总额：1200
项目地点：湖北武汉市

2.
作品名称：墅家墨娑
参 评 人：聂剑平
项目面积：980
投资总额：500
项目地点：江西上饶市

3.
作品名称：云南建水听紫云精品酒店
参 评 人：林迪
项目面积：2000
投资总额：1600
项目地点：云南红河哈尼族彝族自治州

4.
作品名称：爱驰酒店
参 评 人：何勇
设 计 师：岳伟、贾志远、王凡
项目面积：4000
投资总额：1500
项目地点：山东济南市

5.
作品名称：重庆锦悦恒美酒店
参 评 人：郑宏飞
项目面积：2000
投资总额：500
项目地点：重庆渝中区

办公空间

6.
作品名称：深圳易科国际办公室
参 评 人：深圳毕路德建筑有限公司
设 计 师：刘红蕾、杨宇新、董崇乐
项目面积：1800
投资总额：20000
项目地点：广东深圳市

7.
作品名称：J&A 杰恩设计深圳总部办公
参 评 人：J&A 杰恩设计
设 计 师：姜峰
项目面积：4000
投资总额：3000
项目地点：广东深圳市

8.
作品名称：UP 文创中心
参 评 人：李浩澜
项目面积：800
投资总额：100
项目地点：江苏南京市

9.
作品名称：中国农业银行深圳京基私人银行
参 评 人：张智忠
设 计 师：练华文、苏华群、杨硕
项目面积：4000
投资总额：3000
项目地点：广东深圳市

10.
作品名称：深圳市海能达通信股份有限公司总部
参 评 人：深圳市黑龙室内设计有限公司
设 计 师：王黑龙、王铮、刘万彬、周勇
项目面积：20000
投资总额：2400
项目地点：广东深圳市

11.
作品名称：三江投资集团办公会所
参 评 人：刘雅正
设 计 师：曲秋澎
项目面积：5000
投资总额：1400
项目地点：天津塘沽区

12.
作品名称：36 氪办公室
参 评 人：北京艾迪尔建筑装饰工程股份有限公司
设 计 师：罗劲、杨振洲、程芳平
项目面积：3000
投资总额：360
项目地点：北京海淀区

13.
作品名称：星坊创新工场
参 评 人：李伟强
项目面积：800
投资总额：150
项目地点：广东广州市

14.
作品名称：胡须先生花店办公空间
参 评 人：朱晓鸣
项目面积：640
投资总额：140
项目地点：浙江杭州市

15.
作品名称：成都白药厂改造
参 评 人：四川创视达建筑装饰设计有限公司
设 计 师：张灿、李文婷
项目面积：500
投资总额：100
项目地点：四川成都市

16.
作品名称：上海虹桥临空 IBP 商务区会展中心
参 评 人：上海现代建筑装饰环境设计研究院有限公司
设 计 师：庄磊、文勇、刘旭、李辉、郭晓春
项目面积：12000
投资总额：4000
项目地点：上海长宁区

17.
作品名称：PplusP Studio 2
参 评 人：廖奕权
设 计 师：Wesley Liu
项目面积：163
投资总额：100
项目地点：香港观塘区

18.
作品名称：韵动空间
参 评 人：陶胜
设 计 师：徐青华、蔡辉
项目面积：700
投资总额：70
项目地点：江苏南京市

19.
作品名称：老建筑的未来与新生
参 评 人：韦建
设 计 师：韦西莉
项目面积：1700
投资总额：90
项目地点：广西桂林市

20.
作品名称：ABB 成都办公室
参 评 人：陈轩明
设 计 师：Arthur chan、Warren Feng、Linda Qing
项目面积：800
投资总额：300
项目地点：四川成都市

21.
作品名称：两个材质
参 评 人：张之鸿
设 计 师：金洁、马秋婷、罗成
项目面积：220
投资总额：80
项目地点：江苏苏州市

22.
作品名称：CNKR 办公室
参 评 人：刘志豪
项目面积：400
投资总额：60
项目地点：山东济南市

23.
作品名称：海天股份公司办公楼
参 评 人：任朝峰
设 计 师：姚明、刘宏裕
项目面积：1976
投资总额：250
项目地点：浙江宁波市

24.
作品名称：宁波宁亿服饰
参 评 人：陈永根
设 计 师：孙宏伟
项目面积：11000
投资总额：980
项目地点：浙江宁波市

25.
作品名称：回归设计·溯本求源
参 评 人：张宝山·翟慧琳设计工作室
项目面积：500
投资总额：36
项目地点：天津河西区

1	2	3	4	5
6	7	8	9	10
11	12	13	14	15
16	17	18	19	20
21	22	23	24	25

排名无先后顺序

办公优秀设计作品1—25

1.
作品名称：元洲太原
参 评 人：任萃
项目面积：435
投资总额：348
项目地点：山西太原市

2.
作品名称：美国史泰博办公空间
参 评 人：徐子明
项目面积：1170
投资总额：27
项目地点：江西南昌市

3.
作品名称：朴本原美
参 评 人：康铭华
项目面积：529
投资总额：200
项目地点：台湾桃园县

4.
作品名称：SEVEN 的秘密花园
参 评 人：DOES 室内建筑设计事务所
设 计 师：王帅、蔡子高、朱胤泽
项目面积：100
投资总额：18
项目地点：江苏南京市

5.
作品名称：丰泽金日
参 评 人：穆鑫
项目面积：260
投资总额：45
项目地点：河北石家庄市

6.
作品名称：承载梦想的工业叙事
参 评 人：林宇崴
设 计 师：白金里居设计团队
项目面积：99
投资总额：70
项目地点：台湾台北市

7.
作品名称：云帆（BOX）DESIGN
参 评 人：徐栋
项目面积：300
投资总额：15
项目地点：浙江宁波市

8.
作品名称：折纸空间·ELLE 办公空间
参 评 人：菲灵设计
设 计 师：伍文、何远声
项目面积：205
投资总额：60
项目地点：广东广州市

9.
作品名称：三三建设匠人设计院
参 评 人：许建国
设 计 师：陈涛、刘丹
项目面积：1700
投资总额：260
项目地点：安徽合肥市

项目面积单位：平方米
投资总额单位：万元

10.
作品名称：境随心转
参 评 人：王俊宏
设 计 师：曹士卿、陈睿达、黄运祥、
林俪、林庭逸、张维君、
陈霈洁、赖信成、黎荣亮
项目面积：100
投资总额：60
项目地点：台湾台北市

11.
作品名称：杜亚行政办公楼
参 评 人：单钱永
设 计 师：刘朝科、施泉春
项目面积：15000
投资总额：3000
项目地点：浙江宁波市

12.
作品名称：莲·修
参 评 人：刘波
设 计 师：丁依冉、张旭
项目面积：1800
投资总额：150
项目地点：上海黄浦区

13.
作品名称：杭州绿地中央广场智慧办公
参 评 人：张力
设 计 师：吴紫燕
项目面积：1190
投资总额：880
项目地点：浙江杭州市

14.
作品名称：上海俊慕铝业办公室
参 评 人：徐鼎强
设 计 师：孙非
项目面积：1200
投资总额：260
项目地点：上海黄浦区

15.
作品名称：创业者之家
参 评 人：朱毅
设 计 师：刘宇、梦雨
项目面积：400
投资总额：16
项目地点：北京朝阳区

16.
作品名称：挣脱束缚·文明广告上海
办公室
参 评 人：解方
项目面积：750
投资总额：200
项目地点：上海徐汇区

17.
作品名称：KOKO 数位银行
参 评 人：陈正晨
设 计 师：蔡宜珊
项目面积：25
投资总额：500
项目地点：台湾台北市

18.
作品名称：COMODO 室内设计公司
办公室
参 评 人：COMODO INTERIOR &
FURNITURE DESIGN
设 计 师：王智衡
项目面积：113
投资总额：100
项目地点：香港荃湾区

19.
作品名称：武汉青铜骑士办公楼总部
参 评 人：王猛
设 计 师：王浩
项目面积：1300
投资总额：400
项目地点：湖北武汉市

20.
作品名称：鸿星尔克营运中心
参 评 人：美格美典（厦门）装饰
工程有限公司
设 计 师：王斌、李志芳、林超、
苏树杰、郑文献、盛志飞、
杨宪卿
项目面积：49336
投资总额：5000
项目地点：福建厦门市

21.
作品名称：CHY 柒设计中心孵化器
参 评 人：赵智峰
项目面积：270
投资总额：30
项目地点：江苏苏州市

22.
作品名称：腾讯科技（北京）有限
公司办公区
参 评 人：徐小新
设 计 师：盖雷、王笑、邵冲
项目面积：4530
投资总额：960
项目地点：北京海淀区

23.
作品名称：当弧线遇见留白·华安
置业办公
参 评 人：曹刚
设 计 师：阎亚男、院志豪、程丽珊
项目面积：1100
投资总额：160
项目地点：河南郑州市

24.
作品名称：东方墨韵
参 评 人：陈明晨
设 计 师：陈涛、杜灿仲
项目面积：1072
投资总额：400
项目地点：内蒙古呼和浩特市

25.
作品名称：TCL 智融科贷办公室
参 评 人：深圳市鼎维室内设计有限
公司
设 计 师：史永杰、关天时
项目面积：610
投资总额：200
项目地点：广东惠州市

1	2	3	4	5
6	7	8	9	10
11	12	13	14	15
16	17	18	19	20
21	22	23	24	25

排名无先后顺序

办公优秀设计作品1—12　餐饮优秀设计作品13—25

项目面积单位：平方米
投资总额单位：万元

1.
作品名称：汕头市今古凤凰空间策划
　　　　　有限公司
参 评 人：汕头市今古凤凰空间策划
　　　　　有限公司
设 计 师：叶晖、陈坚
项目面积：800
投资总额：200
项目地点：广东汕头市

2.
作品名称：武汉正华建筑设计院办公楼
参 评 人：武汉刘威室内设计有限公司
设 计 师：周佳、戴丽
项目面积：16000
投资总额：2000
项目地点：湖北武汉市

3.
作品名称：光缝之间
参 评 人：李文琪
项目面积：115
投资总额：68
项目地点：台湾台中市

4.
作品名称：伊欧设计办公室
参 评 人：伊欧设计
设 计 师：郑又铭、周佑纬
项目面积：90
投资总额：20
项目地点：台湾台北市

5.
作品名称：斯凯办公室
参 评 人：李丹笛
设 计 师：黄飞春
项目面积：1500
投资总额：450
项目地点：陕西西安市

6.
作品名称：刘威设计办公空间
参 评 人：武汉刘威室内设计有限公司
设 计 师：刘威
项目面积：700
投资总额：100
项目地点：湖北武汉市

7.
作品名称：人人贷办公室
参 评 人：北京艾迪尔建筑装饰工程
　　　　　股份有限公司
设 计 师：张晓亮、周丹
项目面积：1500
投资总额：260
项目地点：北京海淀区

8.
作品名称：因途自动化科技有限公司
参 评 人：目心设计研究室
设 计 师：张雷、孙浩晨
项目面积：78
投资总额：10
项目地点：上海浦东新区

9.
作品名称：三诺集团总部办公室
参 评 人：黄杰雄
设 计 师：陈怡
项目面积：8900
投资总额：2000
项目地点：广东深圳市

10.
作品名称：智联招聘有限公司办公室
参 评 人：刘浩宇
项目面积：7800
投资总额：1080
项目地点：北京朝阳区

11.
作品名称：意作方东办公空间
参 评 人：广州市意作方东装饰设计
　　　　　有限公司
设 计 师：张志锋、刘晶
项目面积：500
投资总额：100
项目地点：广东广州市

12.
作品名称：云上办公室
参 评 人：许立强
项目面积：92
投资总额：25
项目地点：浙江杭州市

餐饮空间

13.
作品名称：海岛雨林海鲜坊
参 评 人：张根良
设 计 师：王常红、孙磊明、汤敏
项目面积：5000
投资总额：3000
项目地点：海南海口市

14.
作品名称：本素餐厅
参 评 人：官艺
项目面积：900
投资总额：400
项目地点：上海嘉定区

15.
作品名称：兰州印象
参 评 人：金丰
项目面积：200
投资总额：100
项目地点：福建厦门市

16.
作品名称：八旗羊汤
参 评 人：张迎军
设 计 师：张灿、赵子华、韩振开
项目面积：700
投资总额：300
项目地点：河北石家庄市

17.
作品名称：江宁悠仙美地
参 评 人：李浩澜
项目面积：310
投资总额：100
项目地点：江苏南京市

18.
作品名称：迪庆香格里拉酒店中餐厅
参 评 人：高飞
项目面积：2000
投资总额：1300
项目地点：云南迪庆藏族自治州

19.
作品名称：深圳海能达总裁会所
参 评 人：深圳市黑龙室内设计有限
　　　　　公司
设 计 师：王黑龙、王铮、刘万彬、
　　　　　周勇
项目面积：2150
投资总额：1075
项目地点：广东深圳市

20.
作品名称：嘉新米粉
参 评 人：王文凯
设 计 师：张凯琴
项目面积：120
投资总额：12
项目地点：新疆乌鲁木齐市

21.
作品名称：唐尧火锅城
参 评 人：温浩
项目面积：1000
投资总额：120
项目地点：山西太原市

22.
作品名称：粥行天下
参 评 人：铭洋建筑装饰设计事务所
设 计 师：李日中、罗晋文、杨君斌
项目面积：480
投资总额：350
项目地点：江西景德镇市

23.
作品名称：BUBBA'S 德克萨斯烤肉酒吧
参 评 人：钱敏
设 计 师：杨婷婷
项目面积：360
投资总额：37
项目地点：江苏南京市

24.
作品名称：春天自助烤肉贵都店
参 评 人：白晓龙
设 计 师：马霄龙、乐乐
项目面积：1800
投资总额：400
项目地点：山西太原市

25.
作品名称：王家渡火锅金宝汇店
参 评 人：王砚晨
设 计 师：李向宁、易艳
项目面积：500
投资总额：450
项目地点：北京东城区

1	2	3	4	5
6	7	8	9	10
11	12	13	14	15
16	17	18	19	20
21	22	23	24	25

排名无先后顺序

餐饮优秀设计作品1—25

1.
作品名称：和悦小菜
参评人：屈彦波
项目面积：700
投资总额：168
项目地点：吉林长春市

2.
作品名称：宝翠花园餐厅
参评人：张纪中
设计师：周至
项目面积：780
投资总额：200
项目地点：湖北武汉市

3.
作品名称：北京丹江渔村
参评人：吴晓温
设计师：袁明、李敏
项目面积：1500
投资总额：240
项目地点：北京海淀区

项目面积单位：平方米
投资总额单位：万元

4.
作品名称：千夏料理
参评人：姚小龙
设计师：王梅、张安妮
项目面积：160
投资总额：55
项目地点：江苏南京市

5.
作品名称：畹字坊手作咖啡厅
参评人：曾麒麟
设计师：林太敏
项目面积：140
投资总额：40
项目地点：四川成都市

6.
作品名称：相遇餐厅
参评人：孙传进
设计师：胡强、陈以军、何海滨
项目面积：400
投资总额：300
项目地点：安徽芜湖市

7.
作品名称：外滩贰千金餐厅
参评人：莱盟迪塞纳装潢设计（上海）
有限公司
设计师：Thomas Dariel
项目面积：1200
投资总额：100
项目地点：上海黄浦区

8.
作品名称：北京木樨园大董店
参评人：刘道华
项目面积：2380
投资总额：2000
项目地点：北京丰台区

9.
作品名称：问柳菜馆
参评人：南京名谷设计机构
设计师：潘冉
项目面积：1439
投资总额：867
项目地点：江苏南京市

10.
作品名称：绯蜜咖啡轻食馆
参评人：南京名谷设计机构
设计师：潘冉
项目面积：360
投资总额：108
项目地点：江苏南京市

11.
作品名称：云小厨餐厅
参评人：冯嘉云
设计师：蔡文健
项目面积：405
投资总额：200
项目地点：江苏无锡市

12.
作品名称：左邻右里餐厅 T12 店
参评人：孙黎明
设计师：耿顺峰、陈浩
项目面积：400
投资总额：200
项目地点：江苏无锡市

13.
作品名称：多伦多海鲜自助餐厅万象
城店
参评人：孙黎明
设计师：耿顺峰、周怡冰
项目面积：20
投资总额：600
项目地点：江苏无锡市

14.
作品名称：大连小船渔村瓦房店店
参评人：李景哲
项目面积：454
投资总额：150
项目地点：辽宁大连市

15.
作品名称：一茶一坐工业风·哈雷主题店
参评人：上海海工装饰设计有限公司
设计师：侯胤杰、沈厉
项目面积：430
投资总额：129
项目地点：江苏苏州市

16.
作品名称：大厨小馆特色主题餐厅
西安万达店
参评人：王咏
项目面积：200
投资总额：40
项目地点：陕西西安市

17.
作品名称：海盗鲜生
参评人：徐梁
项目面积：500
投资总额：140
项目地点：浙江杭州市

18.
作品名称：壹粟·素餐厅
参评人：之境内建筑设计咨询有限
公司
设计师：廖志强、王孝宇、张静、
陈全文
项目面积：400
投资总额：70
项目地点：四川成都市

19.
作品名称：花香咖啡
参评人：夏朗
项目面积：200
投资总额：30
项目地点：重庆渝中区

20.
作品名称：温州那一年餐厅
参评人：任朝峰
设计师：姚明、刘宏裕
项目面积：520
投资总额：230
项目地点：浙江温州市

21.
作品名称：重庆一九二一码头火锅
参评人：重庆奇墨装饰设计咨询
有限公司
设计师：戴华伟、刘敏
项目面积：150
投资总额：65
项目地点：重庆江北区

22.
作品名称：紫薰餐厅
参评人：朱伟
设计师：张雷、董标
项目面积：600
投资总额：500
项目地点：江苏苏州市

23.
作品名称：THOSE YEARS
参评人：W Design Office
设计师：王晚成、李敏奇、刘伟
项目面积：2250
投资总额：300
项目地点：江西南昌市

24.
作品名称：郑州优河湾生态园
参评人：河南西元绘空间设计有限
公司
设计师：王本立、程浩、朱宁、
石晓慧、梁恩展
项目面积：1600
投资总额：500
项目地点：河南郑州市

25.
作品名称：益健苑度假酒店
参评人：河南非东空间设计有限公司
设计师：刘非、张玉琴、张玲玲
项目面积：6000
投资总额：1500
项目地点：河南洛阳市

1	2	3	4	5
6	7	8	9	10
11	12	13	14	15
16	17	18	19	20
21	22	23	24	25

排名无先后顺序

餐饮优秀设计作品1—25

項目面積单位：平方米
投资总额单位：万元

1.
作品名称：万叶日本料理
参 评 人：孙玮
设 计 师：张哲、孙明
项目面积：100
投资总额：30
项目地点：安徽合肥市

2.
作品名称：局百犊
参 评 人：卢忆
设 计 师：
项目面积：220
投资总额：35
项目地点：浙江宁波市

3.
作品名称：厨房乐章餐厅
参 评 人：范日桥
设 计 师：朱希
项目面积：600
投资总额：200
项目地点：上海长宁区

4.
作品名称：山城一锅
参 评 人：范日桥
设 计 师：张哲
项目面积：400
投资总额：180
项目地点：上海杨浦区

5.
作品名称：7 号仓库
参 评 人：西安文焯建筑装饰装修
　　　　　工程有限公司
设 计 师：谢文川、Wendy
项目面积：689
投资总额：150
项目地点：陕西西安市

6.
作品名称：九月茉莉
参 评 人：穆鑫
项目面积：500
投资总额：85
项目地点：河北石家庄市

7.
作品名称：新天地申活馆·吃饱了
参 评 人：穆哈地设计咨询（上海）
　　　　　有限公司
设 计 师：颜呈勋
项目面积：160
投资总额：96
项目地点：上海黄浦区

8.
作品名称：九月天创意融合菜
参 评 人：王远超
设 计 师：王冠、崔越、王凡
项目面积：600
投资总额：150
项目地点：山东济宁市

9.
作品名称：蠔朋汇鲜蚝蒸味馆
参 评 人：李文
项目面积：500
投资总额：75
项目地点：吉林长春市

10.
作品名称：上岛咖啡·花样年华
参 评 人：陈润刚
项目面积：1150
投资总额：500
项目地点：天津武清区

11.
作品名称：火舞炭烧
参 评 人：刘攀
设 计 师：夏丹、王晓蒙、朱映安
项目面积：375
投资总额：150
项目地点：重庆渝北区

12.
作品名称：故香新中式餐厅
参 评 人：李吉
项目面积：680
投资总额：160
项目地点：浙江台州市

13.
作品名称：火天下重庆火锅大世界
参 评 人：重庆夏雨装饰设计有限公司
设 计 师：夏刚、夏小中
项目面积：5000
投资总额：2000
项目地点：甘肃兰州市

14.
作品名称：有嘢食
参 评 人：徐代恒设计事务所
设 计 师：徐代恒、周晓薇
项目面积：223
投资总额：60
项目地点：广西南宁市

15.
作品名称：锅食尚铁锅炖
参 评 人：汤善盛
项目面积：400
投资总额：90
项目地点：山东威海市

16.
作品名称：井塘港式小火锅
参 评 人：郑磊
项目面积：280
投资总额：80
项目地点：浙江宁波市

17.
作品名称：7senses
参 评 人：刘涛
项目面积：260
投资总额：80
项目地点：山东青岛市

18.
作品名称：渔家灯火量贩式海鲜餐厅
参 评 人：倪泽
设 计 师：王体营、王昭璐
项目面积：1600
投资总额：350
项目地点：山东烟台市

19.
作品名称：藏珑泰极
参 评 人：江蕲珈
设 计 师：陈苑、蒋永锋
项目面积：1800
投资总额：1500
项目地点：上海静安区

20.
作品名称：柠檬咖啡室
参 评 人：615 室内设计有限公司
设 计 师：邝子康
项目面积：50
投资总额：70
项目地点：澳门半岛

21.
作品名称：澜悦东南亚料理餐厅
参 评 人：沈嘉伟
项目面积：600
投资总额：300
项目地点：四川成都市

22.
作品名称：庐鱼风尚主题餐厅
参 评 人：赵越
项目面积：370
投资总额：120
项目地点：陕西西安市

23.
作品名称：百花人家
参 评 人：北京艾特斯装饰设计有限
　　　　　公司
设 计 师：孙海勇
项目面积：2300
投资总额：800
项目地点：北京门头沟区

24.
作品名称：右军府私人会所
参 评 人：张英
项目面积：1000
投资总额：360
项目地点：陕西西安市

25.
作品名称：汤婆婆
参 评 人：潘俊
设 计 师：钱云、王刚
项目面积：300
投资总额：120
项目地点：新疆乌鲁木齐市

1	2	3	4	5
6	7	8	9	10
11	12	13	14	15
16	17	18	19	20
21	22	23	24	25

排名无先后顺序

餐饮优秀设计作品1—19 展示优秀设计作品20—25

1.
作品名称：南京可酷咖啡
参 评 人：南京大田建筑景观设计
　　　　　有限公司
设 计 师：韩正萍、梁前运、董庆祝
项目面积：2000
投资总额：400
项目地点：江苏南京市

2.
作品名称：剖·取摺
参 评 人：黄慧甄
设 计 师：张惠茹
项目面积：165
投资总额：38
项目地点：台湾台中市

项目面积单位：平方米
投资总额单位：万元

3.
作品名称：重置元素
参 评 人：十上设计事务所
设 计 师：陈辉
项目面积：490
投资总额：80
项目地点：福建福州市

4.
作品名称：案上观云
参 评 人：十上设计事务所
设 计 师：陈辉、钟海武
项目面积：100
投资总额：60
项目地点：福建福州市

5.
作品名称：OMG（欧迈嘎）
参 评 人：陈明晨
设 计 师：叶凌凌
项目面积：145
投资总额：120
项目地点：福建福州市

6.
作品名称：秦池天下特色火锅主题餐厅
参 评 人：秦玉息
项目面积：1200
投资总额：300
项目地点：广西南宁市

7.
作品名称："半裸"空间
参 评 人：张志勇
设 计 师：孙丽
项目面积：214
投资总额：50
项目地点：江苏南京市

8.
作品名称：趣伴·海外旅行体验店
参 评 人：朱勇
项目面积：90
投资总额：60
项目地点：湖北武汉市

9.
作品名称：风格的原点·海寿司
参 评 人：开物设计
设 计 师：杨竣淞、罗尤呈
项目面积：165
投资总额：100
项目地点：台湾台北市

10.
作品名称：3W 咖啡
参 评 人：北京艾迪尔建筑装饰工程
　　　　　股份有限公司
设 计 师：张晓亮、王媛媛、霍园生
项目面积：350
投资总额：200
项目地点：广东深圳市

11.
作品名称：锅炗自助火锅料理
参 评 人：南京三厘社装饰设计工程
　　　　　有限公司
设 计 师：钱钧、李茜
项目面积：200
投资总额：80
项目地点：江苏南京市

12.
作品名称：港鼎汇
参 评 人：陆文星
项目面积：500
投资总额：150
项目地点：安徽马鞍山市

13.
作品名称：凝眸回响·巴蜀红运火锅
　　　　　餐厅
参 评 人：吴少余
项目面积：1200
投资总额：500
项目地点：福建福州市

14.
作品名称：曼塔西汽车主题西餐厅
参 评 人：王成峰
项目面积：300
投资总额：50
项目地点：福建福州市

15.
作品名称：Glam 餐厅
参 评 人：上海达克米勒设计咨询
　　　　　有限公司
设 计 师：Stephanie Clift、Yuki、
　　　　　Lily、Eveline
项目面积：242
投资总额：300
项目地点：上海黄浦区

16.
作品名称：七巧巧克力
参 评 人：王平仲
设 计 师：郭新辉
项目面积：109
投资总额：50
项目地点：上海浦东新区

17.
作品名称：鸿咖啡
参 评 人：槃达建筑
设 计 师：孙大勇、Chris Precht、
　　　　　权赫、尚荔
项目面积：250
投资总额：80
项目地点：天津武清区

18.
作品名称：SO·SO 咖啡吧
参 评 人：杜宏毅
设 计 师：郭翼、胡贵江、袁丹
项目面积：700
投资总额：300
项目地点：重庆渝中区

19.
作品名称：丹青小厨
参 评 人：朱回瀚设计顾问工程（香港）
　　　　　有限公司
设 计 师：霍延、吴严
项目面积：910
投资总额：200
项目地点：湖北武汉市

展示空间

20.
作品名称：葡萄酒展厅
参 评 人：胡俊峰、成志
项目面积：300
投资总额：100
项目地点：上海浦东新区

21.
作品名称：厦门意大利 GSG 卫浴展厅
参 评 人：林秋苹
项目面积：180
投资总额：35
项目地点：福建厦门市

22.
作品名称：陈皮文化体验馆
参 评 人：广州市山田组设计院工程
　　　　　有限公司
设 计 师：吴宗建
项目面积：1300
投资总额：560
项目地点：广东江门市

23.
作品名称：ON OFF Plus
参 评 人：汤物臣·肯文创意集团
设 计 师：谢英凯
项目面积：91
投资总额：40
项目地点：广东广州市

24.
作品名称：PINKAH 品家展厅
参 评 人：何永明
项目面积：130
投资总额：40
项目地点：广东广州市

25.
作品名称：时间与空间的对话
参 评 人：四川创视达建筑装饰设计
　　　　　有限公司
设 计 师：张灿、李文婷
项目面积：300
投资总额：50
项目地点：四川成都市

1	2	3	4	5
6	7	8	9	10
11	12	13	14	15
16	17	18	19	20
21	22	23	24	25

排名无先后顺序

展示优秀设计作品1—22　公共优秀设计作品23—25

项目面积单位：平方米
投资总额单位：万元

1.
作品名称：西安南洋迪克总部全景体验中心
参 评 人：陈飞杰香港设计事务所
设 计 师：陈飞杰
项目面积：2680
投资总额：1600
项目地点：陕西西安市

2.
作品名称：重庆城市规划展览馆
参 评 人：上海风语筑展示股份有限公司
设 计 师：李晖
项目面积：7000
投资总额：6000
项目地点：重庆渝中区

3.
作品名称：农耕博物馆
参 评 人：吴冠成
设 计 师：周顺东
项目面积：1350
投资总额：160
项目地点：四川乐山市

4.
作品名称：灵感厨房
参 评 人：四川创视达建筑装饰设计有限公司
设 计 师：李文婷、张灿
项目面积：300
投资总额：120
项目地点：四川成都市

5.
作品名称：南通经济技术开发区美术馆
参 评 人：宋必胜
设 计 师：薛传耀、孙玉、金跃
项目面积：860
投资总额：260
项目地点：江苏南通市

6.
作品名称：广东三水大鸿制釉公司展厅
参 评 人：梁巨辉
项目面积：350
投资总额：80
项目地点：广东佛山市

7.
作品名称：赛德斯邦总部旗舰店
参 评 人：刘晓亮
设 计 师：马沙、金雪婧、文伦璋
项目面积：2400
投资总额：350
项目地点：广东佛山市

8.
作品名称：诺贝尔塞尚·印象展厅
参 评 人：陈海
设 计 师：魏建文、李小壮、赵文文
项目面积：600
投资总额：200
项目地点：陕西西安市

9.
作品名称：蚌埠城市规划展示馆
参 评 人：上海风语筑展示股份有限公司
设 计 师：李祥君
项目面积：7500
投资总额：5000
项目地点：安徽蚌埠市

10.
作品名称：洗手盘的艺术
参 评 人：黄剑才
项目面积：140
投资总额：16
项目地点：广东佛山市

11.
作品名称：生活大师家具体验馆B馆
参 评 人：赵睿
设 计 师：伍启雕、莫振泉、杨跃文
项目面积：430
投资总额：108
项目地点：广东佛山市

12.
作品名称：景浮宫瓷板艺术馆
参 评 人：林森
设 计 师：邬逸冬
项目面积：1800
投资总额：480
项目地点：江西景德镇市

13.
作品名称：远宏艺术空间
参 评 人：谷鹏
设 计 师：李帅、牛震、刘越、王程
项目面积：400
投资总额：60
项目地点：山东济南市

14.
作品名称：简·谧 锐驰总部
参 评 人：赖建安
设 计 师：高天金
项目面积：545
投资总额：95
项目地点：上海青浦区

15.
作品名称：走进艺术
参 评 人：周燕如
项目面积：265
投资总额：0
项目地点：台湾台北市

16.
作品名称：厦门新必图自动化工程有限公司展厅
参 评 人：王广蓉
项目面积：225
投资总额：30
项目地点：福建厦门市

17.
作品名称：淄博齐长城美术馆
参 评 人：韩文强
设 计 师：丛晓、黄涛
项目面积：3800
投资总额：100
项目地点：山东淄博市

18.
作品名称：ECLAT企业股份有限公司八楼展厅
参 评 人：马静自
项目面积：231
投资总额：315
项目地点：台湾台北县

19.
作品名称：佛山市颐购贸易有限公司展厅
参 评 人：李健彬
设 计 师：陈国斌
项目面积：100
投资总额：15
项目地点：广东佛山市

20.
作品名称：西卡尚·鞋艺术文化馆
参 评 人：覃海华
项目面积：309
投资总额：163
项目地点：广西南宁市

21.
作品名称：豪申创意中心
参 评 人：摩登天空创意集团
设 计 师：崔海涛、朱非波、崔自豪
项目面积：8800
投资总额：5500
项目地点：江苏南通市

22.
作品名称：厦门大术展示厅
参 评 人：张孝意
设 计 师：吴裕舜、张金喜
项目面积：260
投资总额：30
项目地点：福建厦门市

公共空间

23.
作品名称：包头机场航站楼
参 评 人：北京市建筑工程装饰集团有限公司李俊瑞设计工作室
设 计 师：李俊瑞、焉凌、曹小波、王宇琼、王旭
项目面积：36000
投资总额：12000
项目地点：内蒙古包头市

24.
作品名称：南沙璧珑湾双语幼儿园
参 评 人：李伟强
项目面积：1000
投资总额：400
项目地点：广东广州市

25.
作品名称：吉林市人民大剧院
参 评 人：上海现代建筑装饰环境设计研究院有限公司
设 计 师：文勇、张龙、刘旭、杨宇
项目面积：37000
投资总额：11000
项目地点：吉林吉林市

1	2	3	4	5
6	7	8	9	10
11	12	13	14	15
16	17	18	19	20
21	22	23	24	25

排名无先后顺序

公共优秀设计作品1-19　　住宅优秀设计作品20-25

项目面积单位：平方米
投资总额单位：万元

1.
作品名称：圣安口腔医院
参评人：辛明雨
设计师：王晓娜、王健
项目面积：2440
投资总额：800
项目地点：黑龙江哈尔滨市

2.
作品名称：中企绿色总部品牌发布中心
参评人：广州共生形态创意集团
设计师：谢泽坤、彭征、谢泽坤
项目面积：2500
投资总额：900
项目地点：广东佛山市

3.
作品名称：前海深港合作区企业公馆特区馆
参评人：广州智度设计有限公司
设计师：郭捷、刘赢仁
项目面积：10000
投资总额：80000
项目地点：广东深圳市

4.
作品名称：安顺旧州屯堡接待中心
参评人：北京悦界堂装饰设计有限公司
设计师：郭明、王鹏、叶格
项目面积：6000
投资总额：2500
项目地点：贵州安顺地区

5.
作品名称：自在空间设计·生活场
参评人：逯杰
设计师：郝改、阎珍
项目面积：2000
投资总额：500
项目地点：陕西西安市

6.
作品名称：上海芯易斋心理咨询培训中心
参评人：赵智峰
设计师：莫华东、童福、王芹、程家秋
项目面积：220
投资总额：20
项目地点：上海闸北区

7.
作品名称：墨集
参评人：何建锋
设计师：邹志刚、彭妮妮
项目面积：210
投资总额：30
项目地点：广东东莞市

8.
作品名称：馨尚妈咪国际月子会所
参评人：黄婷婷
项目面积：7000
投资总额：2000
项目地点：福建福州市

9.
作品名称：温州职业技术学院图书馆
参评人：温州云艺建筑装饰设计院
设计师：赵海月、朱温情
项目面积：1760
投资总额：350
项目地点：浙江温州市

10.
作品名称：深圳南山美国爱乐国际早教中心
参评人：朗昇（香港）国际商业设计有限公司
设计师：钟建福
项目面积：1000
投资总额：350
项目地点：广东深圳市

11.
作品名称：观·觉
参评人：张立人
项目面积：1824
投资总额：1320
项目地点：台湾台中市

12.
作品名称：成都环球广场中心天曜公共空间
参评人：吕元祥建筑师事务所
设计师：许学盈
项目面积：240
投资总额：334
项目地点：四川成都市

13.
作品名称：瑞思学科英语培训机构
参评人：朱琦
项目面积：1800
投资总额：260
项目地点：福建福州市

14.
作品名称：云南省昆明市华山健康管理中心
参评人：云南此里农布建筑与室内设计有限公司
设计师：孙斌
项目面积：8000
投资总额：2000
项目地点：云南昆明市

15.
作品名称：上海松江广富林知也禅寺
参评人：上海禾易建筑设计有限公司
上海埃绮凯祺建筑设计有限公司
设计师：金佳明
项目面积：3000
投资总额：8000
项目地点：上海松江区

16.
作品名称：阳光城堡武林门幼儿园
参评人：陆佳
项目面积：4000
投资总额：500
项目地点：浙江杭州市

17.
作品名称：精灵城堡保俶路幼儿园
参评人：陆佳
项目面积：3000
投资总额：300
项目地点：浙江杭州市

18.
作品名称：上海西站地下南广场及南北通道
参评人：上海现代建筑装饰环境设计研究院有限公司
设计师：黄海涛、王莹、任泽粟、姚铮、程舜、陈赟
项目面积：8869
投资总额：5000
项目地点：上海普陀区

19.
作品名称：公共配套儿童卫生间·糖果乐园
参评人：广州市意作方东装饰设计有限公司
设计师：张志锋、刘晶
项目面积：80
投资总额：80
项目地点：广东广州市

住宅空间

20.
作品名称：旧时尚
参评人：杨克鹏
设计师：胥婷
项目面积：70
投资总额：21
项目地点：北京西城区

21.
作品名称：方寸之间展现天地
参评人：陈大为
项目面积：302
投资总额：25
项目地点：北京昌平区

22.
作品名称：小蜗居也有大文章
参评人：徐玉磊
项目面积：75
投资总额：24
项目地点：四川成都市

23.
作品名称：情似艳阳天
参评人：沈烤华
项目面积：220
投资总额：38
项目地点：江苏南京市

24.
作品名称：花语尚居
参评人：毛毳
项目面积：168
投资总额：48
项目地点：广东梅州市

25.
作品名称：文艺
参评人：田艾灵
项目面积：145
投资总额：45
项目地点：重庆沙坪坝区

1	2	3	4	5
6	7	8	9	10
11	12	13	14	15
16	17	18	19	20
21	22	23	24	25

排名无先后顺序

住宅优秀设计作品1—25

项目面积单位：平方米
投资总额单位：万元

1.
作品名称：北岸江山
参 评 人：周飞文
设 计 师：黎明、蔡路莹
项目面积：150
投资总额：70
项目地点：重庆江北区

2.
作品名称：上田之家
参 评 人：叶建权
设 计 师：叶蕾蕾
项目面积：230
投资总额：100
项目地点：浙江温州市

3.
作品名称：滨江雅居
参 评 人：王严钧
项目面积：300
投资总额：120
项目地点：黑龙江佳木斯市

4.
作品名称：御江苑私宅
参 评 人：张纪中
设 计 师：董辰龙
项目面积：115
投资总额：70
项目地点：湖北武汉市

5.
作品名称：公屋不只是公屋
参 评 人：廖奕权
项目面积：25
投资总额：35
项目地点：香港北区

6.
作品名称：午后湖畔
参 评 人：姚小龙
设 计 师：王梅
项目面积：240
投资总额：80
项目地点：江苏南京市

7.
作品名称：闲居安住
参 评 人：北岩设计
设 计 师：于园
项目面积：188
投资总额：65
项目地点：江苏南京市

8.
作品名称：本来生活
参 评 人：程晖
项目面积：301
投资总额：19
项目地点：北京顺义区

9.
作品名称：瓦尔登湖
参 评 人：凌潇丽
项目面积：195
投资总额：70
项目地点：江苏南京市

10.
作品名称：京城幻想曲
参 评 人：莱盟迪塞纳装潢设计(上海）有限公司
设 计 师：Thomas Dariel
项目面积：1500
投资总额：370
项目地点：北京崇文区

11.
作品名称：星海蓝之约
参 评 人：之境内建筑设计咨询有限公司
设 计 师：廖志强、张静、胡有芳
项目面积：140
投资总额：140
项目地点：四川成都市

12.
作品名称：东方情愫·风姿绰约
参 评 人：黄育波
项目面积：175
投资总额：80
项目地点：福建福州市

13.
作品名称：紫金花园501公寓
参 评 人：葛晓彪
项目面积：184
投资总额：50
项目地点：浙江宁波市

14.
作品名称：青花·外滩印象
参 评 人：彭丽
设 计 师：胡育献、彭兰
项目面积：158
投资总额：80
项目地点：浙江温州市

15.
作品名称：租客星球
参 评 人：戚帅奇
设 计 师：吴恩良
项目面积：60
投资总额：8
项目地点：浙江杭州市

16.
作品名称：华侨城纯水岸·摩登私享大宅
参 评 人：肖强
设 计 师：张荣钢、邓礼良、王华平、施瑶
项目面积：300
投资总额：300
项目地点：广东深圳市

17.
作品名称：香榭巴黎
参 评 人：江欣宜
项目面积：149
投资总额：260
项目地点：台湾台北市

18.
作品名称：观隐·对话空间
参 评 人：北岩设计
设 计 师：李光政、王宏穆
项目面积：288
投资总额：90
项目地点：江苏南京市

19.
作品名称：静逸·墨香
参 评 人：康铭华
项目面积：303
投资总额：100
项目地点：台湾桃园县

20.
作品名称：名流公馆
参 评 人：邓劫
项目面积：150
投资总额：90
项目地点：重庆渝北区

21.
作品名称：情迷·香奈儿
参 评 人：孙纳
项目面积：220
投资总额：250
项目地点：浙江宁波市

22.
作品名称：原木·东巷
参 评 人：温州原木空间设计有限公司
设 计 师：陈刚
项目面积：100
投资总额：30
项目地点：浙江温州市

23.
作品名称：净·居
参 评 人：郑展鸿
设 计 师：刘小文、李建强、郑志明
项目面积：145
投资总额：40
项目地点：福建漳州市

24.
作品名称：蓝色小姐的秘密
参 评 人：黄涛
项目面积：130
投资总额：24
项目地点：江西南昌市

25.
作品名称：清风韵
参 评 人：游小华
设 计 师：林艳、郑琳艳
项目面积：1608
投资总额：60
项目地点：福建福州市

1	2	3	4	5
6	7	8	9	10
11	12	13	14	15
16	17	18	19	20
21	22	23	24	25

排名无先后顺序

住宅优秀设计作品1-25

1.
作品名称：MUJI
参 评 人：张鹤龄
项目面积：100
投资总额：30
项目地点：江西南昌市

2.
作品名称：摩纳哥
参 评 人：金钟
项目面积：170
投资总额：80
项目地点：江苏常州市

3.
作品名称：金新鼎邦
参 评 人：金钟
项目面积：120
投资总额：55
项目地点：江苏常州市

项目面积单位：平方米
投资总额单位：万元

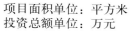

4.
作品名称：藏·艺
参 评 人：大雄设计
设 计 师：林政纬、张桦萍
项目面积：247
投资总额：110
项目地点：台湾台北市

5.
作品名称：悦·居
参 评 人：李康
项目面积：180
投资总额：80
项目地点：江苏常州市

6.
作品名称：泼·墨
参 评 人：陈萍
设 计 师：李红宾
项目面积：230
投资总额：80
项目地点：江苏常州市

7.
作品名称：无印良品
参 评 人：严晓静
设 计 师：吴君岑
项目面积：110
投资总额：25
项目地点：江苏常州市

8.
作品名称：三米之外
参 评 人：苏丹
项目面积：30
投资总额：15
项目地点：江苏南京市

9.
作品名称：台北黄宅
参 评 人：周燕如
项目面积：307
投资总额：未知
项目地点：台湾台北市

10.
作品名称：无用之用
参 评 人：杨航
项目面积：180
投资总额：70
项目地点：江苏苏州市

11.
作品名称：公寓 12
参 评 人：王浩
设 计 师：王猛
项目面积：110
投资总额：150
项目地点：湖北武汉市

12.
作品名称：市井桃源
参 评 人：王浩
设 计 师：王猛
项目面积：90
投资总额：60
项目地点：湖北武汉市

13.
作品名称：万科大都会
参 评 人：蔡蛟
项目面积：300
投资总额：700
项目地点：北京朝阳区

14.
作品名称：当代清水园
参 评 人：大炎演绎
设 计 师：王穆紘
项目面积：180
投资总额：40
项目地点：上海浦东新区

15.
作品名称：Joie de vivre 上海老公寓
参 评 人：解方
设 计 师：杨耀淙
项目面积：194
投资总额：100
项目地点：上海徐汇区

16.
作品名称：中海·寰宇天下
参 评 人：毛小阳
设 计 师：寿栋超、李乔
项目面积：306
投资总额：200
项目地点：浙江杭州市

17.
作品名称：纯粹·微奢华
参 评 人：张逸钧
设 计 师：熊品钧、李季远
项目面积：304
投资总额：50
项目地点：台湾台北市

18.
作品名称：山居岁月
参 评 人：十彦室内装修有限公司
设 计 师：林彦颖
项目面积：265
投资总额：150
项目地点：台湾台北市

19.
作品名称：Nature 漳州榕御小区 8 栋
　　　　　1101
参 评 人：林嘉诚
项目面积：124
投资总额：80
项目地点：福建漳州市

20.
作品名称：时间之重
参 评 人：十分之一设计事业有限公司
设 计 师：戴婉如、任萃
项目面积：132
投资总额：105
项目地点：台湾高雄县

21.
作品名称：简约空间的整合
参 评 人：COMODO INTERIOR &
　　　　　FURNITURE DESIGN
设 计 师：王智衡
项目面积：242
投资总额：100
项目地点：香港湾仔区

22.
作品名称：莉·简
参 评 人：杨莉
项目面积：280
投资总额：200
项目地点：江苏苏州市

23.
作品名称：芳菲妙影·波托菲诺纯水岸
参 评 人：徐静
项目面积：370
投资总额：370
项目地点：广东深圳市

24.
作品名称：蒲岐香格里拉
参 评 人：陈君
项目面积：350
投资总额：260
项目地点：浙江温州市

25.
作品名称：布拉诺之光
参 评 人：余颢凌
设 计 师：谢莉、刘芊妤
项目面积：240
投资总额：300
项目地点：四川成都市

1	2	3	4	5
6	7	8	9	10
11	12	13	14	15
16	17	18	19	20
21	22	23	24	25

排名无先后顺序

住宅优秀设计作品1—22　别墅优秀设计作品23—25

项目面积单位：平方米
投资总额单位：万元

1.
作品名称：宛平南路 88 号官邸
参 评 人：赵牧桓室内设计研究室
设 计 师：赵牧桓
项目面积：600
投资总额：未知
项目地点：上海徐汇区

2.
作品名称：框景·对话
参 评 人：叶佳陇
项目面积：294
投资总额：110
项目地点：台湾台中市

3.
作品名称：品茗雅致
参 评 人：创研俬集设计有限公司
设 计 师：游滨绮、蔡曜牟、刘佩芬、
　　　　　陈莹瑜
项目面积：198
投资总额：120
项目地点：台湾台北县

4.
作品名称：生活＆态度
参 评 人：宁波正反室内设计咨询
　　　　　有限公司
设 计 师：蒋沙君、王琛、王听听、陈钟
项目面积：300
投资总额：80
项目地点：浙江宁波市

5.
作品名称：艺术之家·南湖国际社区
参 评 人：孙康
设 计 师：苟黎
项目面积：390
投资总额：200
项目地点：四川成都市

6.
作品名称：纯·色
参 评 人：十上设计事务所
设 计 师：陈辉
项目面积：130
投资总额：45
项目地点：福建福州市

7.
作品名称：仁者乐山
参 评 人：陈文豪
项目面积：44
投资总额：50
项目地点：台湾台北市

8.
作品名称：中瑞曼哈顿私人住宅
参 评 人：吴震东
项目面积：360
投资总额：300
项目地点：浙江温州市

9.
作品名称：咏·今·昔
参 评 人：晨纬室内装修有限公司
设 计 师：张佑纶、曾鸿霖、刘奕彰、
　　　　　陈建良
项目面积：112
投资总额：50
项目地点：台湾桃园县

10.
作品名称：淬炼生活
参 评 人：晨纬室内装修有限公司
设 计 师：张佑纶、曾鸿霖、曾鸿凯、
　　　　　陈建良
项目面积：142
投资总额：30
项目地点：台湾新竹县

11.
作品名称：高级公寓房室内设计
参 评 人：Dominique amblard
项目面积：375
投资总额：300
项目地点：上海卢湾区

12.
作品名称：宜动宜静
参 评 人：许盛鑫
项目面积：125
投资总额：146
项目地点：台湾台中市

13.
作品名称：爱·延续
参 评 人：CONCEPT 北欧建筑
设 计 师：留郁琪
项目面积：107
投资总额：68
项目地点：台湾台北市

14.
作品名称：折叙居
参 评 人：毛镫崴
项目面积：230
投资总额：180
项目地点：台湾台北县

15.
作品名称：柔雅新古典
参 评 人：陈琬婷
设 计 师：Debby chen、Lulu lee
项目面积：330
投资总额：200
项目地点：台湾台北县

16.
作品名称：灰色之境
参 评 人：传十室内设计有限公司
设 计 师：许天贵、李文心
项目面积：100
投资总额：70
项目地点：台湾台北县

17.
作品名称：华峰专家楼
参 评 人：黄齐正
设 计 师：黄小影
项目面积：310
投资总额：280
项目地点：浙江温州市

18.
作品名称：夹缝中的家
参 评 人：王平仲
设 计 师：沈顺权
项目面积：58
投资总额：32
项目地点：上海虹口区

19.
作品名称：圣托里尼的阳光
参 评 人：陈宜
项目面积：85
投资总额：30
项目地点：福建福州市

20.
作品名称：宁夏银川森林公园 45 克
　　　　　拉小公寓
参 评 人：深圳恒诺空间装饰设计
　　　　　工程有限公司
设 计 师：买佳男、程李成、王鸿家
项目面积：45
投资总额：14
项目地点：宁夏银川市

21.
作品名称：檀宫私人住宅
参 评 人：纳杰
设 计 师：吴浪
项目面积：380
投资总额：260
项目地点：云南昆明市

22.
作品名称：青年新生
参 评 人：杨隽
项目面积：130
投资总额：28
项目地点：四川成都市

别墅空间

23.
作品名称：静莲禅居
参 评 人：管杰
项目面积：800
投资总额：500
项目地点：浙江杭州市

24.
作品名称：中信山语湖张宅
参 评 人：佛山市城饰室内设计有限
　　　　　公司
设 计 师：黎广浓、霍志标
项目面积：360
投资总额：120
项目地点：广东佛山市

25.
作品名称：栖·园
参 评 人：肖为民
项目面积：350
投资总额：150
项目地点：江苏南京市

1	2	3	4	5
6	7	8	9	10
11	12	13	14	15
16	17	18	19	20
21	22	23	24	25

排名无先后顺序

别墅优秀设计作品1—25

项目面积单位：平方米
投资总额单位：万元

1.
作品名称：大墨之家
参 评 人：叶建权
设 计 师：杨趋
项目面积：320
投资总额：160
项目地点：浙江杭州市

2.
作品名称：泉州华侨新村别墅
参 评 人：林小真
设 计 师：蔡斌
项目面积：350
投资总额：120
项目地点：福建泉州市

3.
作品名称：艺术家别墅
参 评 人：艺赛（北京）室内设计
　　　　　有限公司
设 计 师：Arnd
项目面积：500
投资总额：500
项目地点：北京顺义区

4.
作品名称：戴斯大卫营
参 评 人：梁瑞雪
项目面积：500
投资总额：200
项目地点：重庆九龙坡区

5.
作品名称：山之宅
参 评 人：蒋丹
项目面积：1100
投资总额：750
项目地点：重庆渝北区

6.
作品名称：香港朗逸峰别墅
参 评 人：郑树芬
项目面积：530
投资总额：40000
项目地点：香港九龙城区

7.
作品名称：香港浅水湾别墅
参 评 人：郑树芬
项目面积：600
投资总额：40000
项目地点：香港南区

8.
作品名称：英伦水岸 2 号别墅
参 评 人：葛晓彪
项目面积：580
投资总额：510
项目地点：浙江宁波市

9.
作品名称：虹梅 21
参 评 人：孙建亚
项目面积：420
投资总额：700
项目地点：上海闵行区

10.
作品名称：万科润园
参 评 人：内外建筑设计事务所
设 计 师：翟中好
项目面积：290
投资总额：260
项目地点：江西南昌市

11.
作品名称：鸟语茶香·唯美东方
参 评 人：许剑
项目面积：320
投资总额：200
项目地点：福建福州市

12.
作品名称：蓝色塞纳河
参 评 人：孟繁峰
设 计 师：李育、武晓玲
项目面积：435
投资总额：380
项目地点：江苏南京市

13.
作品名称：卓越维港私家别墅
参 评 人：深圳市都市上逸住宅设计
　　　　　有限公司
设 计 师：李益中、范宜华、黄剑锋、
　　　　　熊灿、欧雪婷、孙彬
项目面积：620
投资总额：400
项目地点：广东深圳市

14.
作品名称：观堂·玛斯兰德
参 评 人：张笑
设 计 师：梁炳旺
项目面积：1800
投资总额：600
项目地点：江苏南京市

15.
作品名称：多·少
参 评 人：张连涛
项目面积：530
投资总额：300
项目地点：江苏南京市

16.
作品名称：方寸间的皱褶
参 评 人：邵唯晏
项目面积：1100
投资总额：300
项目地点：台湾桃园县

17.
作品名称：坐看云起时
参 评 人：陈熠
项目面积：580
投资总额：500
项目地点：江苏南京市

18.
作品名称：木石·双重奏
参 评 人：彩韵室内设计有限公司
设 计 师：吴金凤、范志圣
项目面积：180
投资总额：100
项目地点：台湾桃园县

19.
作品名称：江山春晓
参 评 人：胥洋
项目面积：300
投资总额：150
项目地点：江苏镇江市

20.
作品名称：和光沐景·悠然自居
参 评 人：汉格空间设计
设 计 师：卓稣萍、卓永旭、徐群莹、
　　　　　覃小莉
项目面积：695
投资总额：600
项目地点：浙江宁波市

21.
作品名称：金水湾别墅·减法自然
参 评 人：尼克
项目面积：450
投资总额：300
项目地点：江苏苏州市

22.
作品名称：爱·回家
参 评 人：池陈平
项目面积：500
投资总额：300
项目地点：浙江杭州市

23.
作品名称：世博生态城
参 评 人：陈相和
项目面积：360
投资总额：60
项目地点：云南昆明市

24.
作品名称：名都园
参 评 人：桂涛
项目面积：500
投资总额：240
项目地点：北京朝阳区

25.
作品名称：简·境
参 评 人：金卫华
设 计 师：徐珂磊
项目面积：370
投资总额：260
项目地点：江苏苏州市

1	2	3	4	5
6	7	8	9	10
11	12	13	14	15
16	17	18	19	20
21	22	23	24	25

排名无先后顺序

别墅优秀设计作品1－14　　样板间／售楼处优秀设计作品15－25

项目面积单位：平方米
投资总额单位：万元

1.
作品名称：极简主义
参 评 人：王伟
设 计 师：高艳
项目面积：1200
投资总额：800
项目地点：江苏苏州市

2.
作品名称：广州颐和高尔夫庄园
参 评 人：林辉彬
项目面积：2000
投资总额：600
项目地点：广东广州市

3.
作品名称：湖滨四季
参 评 人：丁金华
项目面积：600
投资总额：1500
项目地点：江苏苏州市

4.
作品名称：托斯卡纳·雅居乐峰南
参 评 人：孙康
设 计 师：李一琳
项目面积：450
投资总额：380
项目地点：四川成都市

5.
作品名称：广州颐和高尔夫庄园
参 评 人：天泓室内设计有限公司
设 计 师：邓达明
项目面积：1000
投资总额：1100
项目地点：广东广州市

6.
作品名称：四季茗园别墅
参 评 人：曹建国
项目面积：280
投资总额：150
项目地点：新疆伊犁哈萨克自治州

7.
作品名称：凤凰水城
参 评 人：富元
项目面积：310
投资总额：150
项目地点：海南三亚市

8.
作品名称：初·见
参 评 人：金永生
项目面积：600
投资总额：780
项目地点：北京顺义区

9.
作品名称：丽宫别墅 236 号
参 评 人：吕元祥建筑师事务所
设 计 师：邹子琪、梁锦驹
项目面积：880
投资总额：1227
项目地点：北京朝阳区

10.
作品名称：丽宫别墅 240 号
参 评 人：吕元祥建筑师事务所
设 计 师：邹子琪、梁锦驹
项目面积：1020
投资总额：1421
项目地点：北京朝阳区

11.
作品名称：八块瓦居
参 评 人：凌志谟
项目面积：400
投资总额：600
项目地点：台湾桃园县

12.
作品名称：御翠园私宅
参 评 人：邹咏
项目面积：640
投资总额：380
项目地点：吉林长春市

13.
作品名称：贵阳市保利温泉别墅
参 评 人：郑嫦
项目面积：1200
投资总额：1200
项目地点：贵州贵阳市

14.
作品名称：万科悦府 11-4
参 评 人：唐春
项目面积：520
投资总额：550
项目地点：重庆江北区

样板间 / 售楼处

15.
作品名称：筑友·双河湾营销中心
参 评 人：邓鑫
项目面积：200
投资总额：360
项目地点：云南昆明市

16.
作品名称：交·点
参 评 人：李渊
设 计 师：韩琴
项目面积：1300
投资总额：500
项目地点：陕西西安市

17.
作品名称：中粮商务公园
参 评 人：李益中空间设计有限公司
设 计 师：李益中、范宜华、陈松
项目面积：1200
投资总额：700
项目地点：广东深圳市

18.
作品名称：天境花园售楼部
参 评 人：广州共生形态创意集团
设 计 师：彭征、谢泽坤、吴嘉
项目面积：850
投资总额：750
项目地点：广东广州市

19.
作品名称：绿野仙踪·贵阳乐湾国际
　　　　　别墅 B 户型
参 评 人：何永明
项目面积：248
投资总额：100
项目地点：贵州贵阳市

20.
作品名称：SG·珊顿道销售中心
参 评 人：赵绯
项目面积：780
投资总额：300
项目地点：四川成都市

21.
作品名称：长乐金港城销售中心
参 评 人：何华武
设 计 师：杨尚炜
项目面积：1100
投资总额：200
项目地点：福建福州市

22.
作品名称：武汉 ICC 环球贸易中心
　　　　　售楼部
参 评 人：湖北一嘉设计装饰工程
　　　　　有限公司
设 计 师：杨大明、王詟
项目面积：428
投资总额：350
项目地点：湖北武汉市

23.
作品名称：福星红桥城销售中心
参 评 人：张纪中
设 计 师：董辰龙
项目面积：1650
投资总额：400
项目地点：湖北武汉市

24.
作品名称：长白山中弘池南区项目售
　　　　　楼中心
参 评 人：本则创意（柏舍励创专属
　　　　　机构）
设 计 师：梁智德
项目面积：5000
投资总额：2500
项目地点：吉林吉林市

25.
作品名称：恒福三达路商务办公售楼
　　　　　中心
参 评 人：5+2 设计（柏舍励创专属
　　　　　机构）
设 计 师：易永强、邹家斌
项目面积：300
投资总额：200
项目地点：广东佛山市

1	2	3	4	5
6	7	8	9	10
11	12	13	14	15
16	17	18	19	20
21	22	23	24	25

排名无先后顺序

样板间／售楼处优秀设计作品1-25

项目面积单位：平方米
投资总额单位：万元

1.
作品名称：烟台保利紫薇郡样板间
参 评 人：岳蒙
设 计 师：张然、何景、徐强
项目面积：170
投资总额：65
项目地点：山东烟台市

2.
作品名称：上海万科商用展示中心
参 评 人：莱盟迪塞纳装潢设计（上海）有限公司
设 计 师：Thomas Dariel
项目面积：900
投资总额：140
项目地点：上海闵行区

3.
作品名称：无锡拈花湾禅意小镇样板区
参 评 人：林上海禾易建筑设计有限公司
　　　　　上海埃绮凯祺建筑设计有限公司
设 计 师：陆嵘、李怡、卜兆玲、王玉洁、苗勋、项晓庆
项目面积：1900
投资总额：2000
项目地点：江苏无锡市

4.
作品名称：天津美年广场 LOFT 办公样板间
参 评 人：深圳市创域艺术设计有限公司
设 计 师：殷艳明、万攀
项目面积：260
投资总额：60
项目地点：天津河西区

5.
作品名称：荣禾曲池东岸一期 D 底跃中式
参 评 人：SCD（香港）郑树芬设计事务所
设 计 师：郑树芬、杜恒
项目面积：420
投资总额：500
项目地点：陕西西安市

6.
作品名称：北京中粮瑞府 400 户型
参 评 人：LSDCASA
设 计 师：葛亚曦、周微、刘德永
项目面积：970
投资总额：970
项目地点：北京朝阳区

7.
作品名称：三亚海棠福湾 A1 别墅
参 评 人：LSDCASA
设 计 师：葛亚曦、蒋文蔚、彭倩
项目面积：348
投资总额：300
项目地点：海南三亚市

8.
作品名称：中德英伦联邦 B 区 24# 楼 01 户型示范单位
参 评 人：柏舍设计（柏舍励创专属机构）
设 计 师：陈俭俭
项目面积：180
投资总额：100
项目地点：四川成都市

9.
作品名称：旭辉湖山原著样板间·罗马假日
参 评 人：孙洪涛
设 计 师：郑水方、张志娟
项目面积：260
投资总额：120
项目地点：安徽合肥市

10.
作品名称：品生活
参 评 人：张祥镐
设 计 师：沈蕙萍
项目面积：80
投资总额：80
项目地点：台湾台北市

11.
作品名称：赣东国际汽车城销售中心
参 评 人：胡笑天
设 计 师：杨彬、戴小易、章程
项目面积：1500
投资总额：500
项目地点：江西抚州市

12.
作品名称：星星广场 21#01 户型示范单位
参 评 人：柏舍设计（柏舍励创专属机构）
设 计 师：钱思慧
项目面积：140
投资总额：85
项目地点：广东佛山市

13.
作品名称：龙光国际售楼中心
参 评 人：5+2 设计（柏舍励创专属机构）
设 计 师：陈小军
项目面积：5000
投资总额：300
项目地点：广西南宁市

14.
作品名称：珠江科技数码城销售中心
参 评 人：广州共生形态创意集团
设 计 师：谢泽坤、彭征
项目面积：1500
投资总额：750
项目地点：广东佛山市

15.
作品名称：实力·苍海一墅样板房
参 评 人：重庆品辰装饰工程设计有限公司
设 计 师：庞一飞、袁毅、张婧、夏婷婷
项目面积：180
投资总额：90
项目地点：云南昆明市

16.
作品名称：格兰郡庭
参 评 人：杨永豪
项目面积：350
投资总额：80
项目地点：浙江宁波市

17.
作品名称：中国铁建·江湾山语城新东南亚风格样板间
参 评 人：成杰
项目面积：148
投资总额：41
项目地点：广西南宁市

18.
作品名称：兴龙湾 D-10 户型样板间
参 评 人：励时设计事务所
设 计 师：钟凌云、高志卿、贺阳
项目面积：325
投资总额：350
项目地点：河南郑州市

19.
作品名称：绿地滨湖国际城二期 4# 楼售楼处
参 评 人：颜呈勋
项目面积：2500
投资总额：1000
项目地点：河南郑州市

20.
作品名称：绿地张江商办项目售楼处
参 评 人：陈二琳
项目面积：1100
投资总额：500
项目地点：上海浦东新区

21.
作品名称：上高东方星城·时空幻影现代风格样板房
参 评 人：三禾空间设计事务所
设 计 师：徐冰、黄子杰
项目面积：150
投资总额：56
项目地点：江西南昌市

22.
作品名称：中国华商集团销售会馆·城市地景
参 评 人：邵唯晏
设 计 师：林予玮、王思文、庄政霖、李金沛
项目面积：2475
投资总额：1000
项目地点：四川成都市

23.
作品名称：银丰唐郡独栋户型样板间
参 评 人：济南成象设计有限公司
设 计 师：张瑞华、岳蒙、张然、何景、徐强
项目面积：960
投资总额：400
项目地点：山东济南市

24.
作品名称：上海虹桥世界中心 (HWC) 办公样板房
参 评 人：集艾室内设计（上海）有限公司
设 计 师：黄全、袁俊龙、孙飞、王娟
项目面积：1000
投资总额：180
项目地点：上海青浦区

25.
作品名称：龙湖·北城天街 loftB+ 户型示范单位
参 评 人：深圳市大森设计有限公司
设 计 师：丁义军、赵亚楠、崔端
项目面积：76
投资总额：40
项目地点：上海宝山区

1	2	3	4	5
6	7	8	9	10
11	12	13	14	15
16	17	18	19	20
21	22	23	24	25

排名无先后顺序

样板间／售楼处优秀设计作品1-25

项目面积单位：平方米
投资总额单位：万元

1.
作品名称：宁波欢乐海岸售楼处
参 评 人：壹舍室内设计（上海）有限公司
设 计 师：方磊
项目面积：1000
投资总额：600
项目地点：浙江宁波市

2.
作品名称：莲邦广场艺术中心
参 评 人：台湾大易国际设计事业有限公司
设 计 师：邱春瑞
项目面积：3000
投资总额：5000
项目地点：广东深圳市

3.
作品名称：中旅银湾销售中心
参 评 人：赵千山
设 计 师：赵千山、韦保扬、李欢欢
项目面积：815
投资总额：425
项目地点：广东佛山市

4.
作品名称：苏州昆山和风雅颂别墅样板房
参 评 人：王兵
设 计 师：徐洁芳、李欣
项目面积：390
投资总额：200
项目地点：江苏苏州市

5.
作品名称：绿地 GIC 成都售楼中心
参 评 人：赵牧桓室内设计研究室
设 计 师：赵牧桓
项目面积：2700
投资总额：0
项目地点：四川成都市

6.
作品名称：海洋都心 3
参 评 人：大观室内设计工程有限公司
设 计 师：卢国辉、涂荣德
项目面积：145
投资总额：80
项目地点：台湾台北县

7.
作品名称：吉林万科城售楼中心
参 评 人：陈丹凌
项目面积：1749
投资总额：1200
项目地点：吉林吉林市

8.
作品名称：萝岗品雅城一期别墅 B 样板房·摩登雅痞
参 评 人：陈嘉君
设 计 师：邓丽司、贺岚
项目面积：365
投资总额：210
项目地点：广东广州市

9.
作品名称：湖南岳阳中航·翡翠湾三号地块一标段样板房
参 评 人：厦门市蓝海企划有限公司
设 计 师：蔡晗、陈艺燕
项目面积：594
投资总额：1300
项目地点：湖南岳阳市

10.
作品名称：哈尔滨三松宜家销售中心
参 评 人：可续建筑
设 计 师：祖父江贵、孙巧凤、贺丽莎、福田裕理、商圣宜
项目面积：1250
投资总额：450
项目地点：黑龙江哈尔滨市

11.
作品名称：时代自由广场 CUCC 办公样板间流动户型
参 评 人：曾莉
设 计 师：张茜、张静
项目面积：87
投资总额：160
项目地点：山西太原市

12.
作品名称：中山润园售楼处
参 评 人：连自成
设 计 师：曹重华、孙杰
项目面积：935
投资总额：1309
项目地点：上海长宁区

13.
作品名称：东河上的院子
参 评 人：陈明晨
设 计 师：陈涛、杜灿仲
项目面积：1568
投资总额：500
项目地点：内蒙古呼和浩特市

14.
作品名称：流溪御景样板房·猫囡小宅
参 评 人：广州华锦装饰工程有限公司
设 计 师：李华杰、王晖
项目面积：72
投资总额：45
项目地点：广东广州市

15.
作品名称：流溪御景中式样板房·南山游记
参 评 人：广州华锦装饰工程有限公司
设 计 师：李华杰、王晖
项目面积：129
投资总额：65
项目地点：广东广州市

16.
作品名称：上山间·维多利亚庄园
参 评 人：张莹
设 计 师：李龙、张浩
项目面积：2000
投资总额：500
项目地点：河北石家庄市

17.
作品名称：三亚半岭温泉度假酒店别墅样板间·玺院
参 评 人：王裕军
项目面积：810
投资总额：520
项目地点：海南琼山市

18.
作品名称：泊居·上海东平森林 1 号别墅样板间
参 评 人：朱东晖
设 计 师：杨志明、徐学敏
项目面积：154
投资总额：98
项目地点：上海崇明县

19.
作品名称：上河园
参 评 人：大观室内设计工程有限公司
设 计 师：涂荣德、卢国辉
项目面积：86
投资总额：48
项目地点：台湾台北县

20.
作品名称：中粮鸿云销售中心
参 评 人：成都主道空间设计工程有限公司
设 计 师：华翔、易伟、朱博娟
项目面积：1200
投资总额：585
项目地点：四川成都市

21.
作品名称：蒂梵尼样板间
参 评 人：何靓
设 计 师：王新媛、段倩云、王漫阳
项目面积：72
投资总额：40
项目地点：四川成都市

22.
作品名称：楠溪云岚
参 评 人：韦高成空间设计机构
设 计 师：罗伟、高魏
项目面积：70
投资总额：50
项目地点：浙江温州市

23.
作品名称：北大资源（三诚里）阅城项目
参 评 人：王少青
项目面积：509
投资总额：200
项目地点：天津河西区

24.
作品名称：北京保利大都汇广场办公样板间
参 评 人：厦门名艺佳（JLa）装饰设计有限公司
设 计 师：吴德斌
项目面积：335
投资总额：100
项目地点：北京通州区

25.
作品名称：北京保利大都汇广场售楼中心
参 评 人：厦门名艺佳（JLa）装饰设计有限公司
设 计 师：吴德斌
项目面积：996
投资总额：500
项目地点：北京通州区

1	2	3	4	5
6	7	8	9	10
11	12	13	14	15
16	17	18	19	20
21	22	23	24	25

排名无先后顺序

样板间／售楼处优秀设计作品1-14   休闲娱乐优秀设计作品15-25

项目面积单位：平方米
投资总额单位：万元

1.
作品名称：河南纳帕美景红酒庄园
参 评 人：广州集美组室内设计工程
有限公司
设 计 师：徐婕媛、陈向京
项目面积：3500
投资总额：13000
项目地点：河南郑州市

2.
作品名称：自然纹理＆倾斜 3° 的构
筑思维
参 评 人：陈鹏旭／王文炜
项目面积：896
投资总额：188
项目地点：台湾台北市

3.
作品名称：光景拟态
参 评 人：张立人
项目面积：1460
投资总额：2040
项目地点：台湾台中市

4.
作品名称：显隐一瞬
参 评 人：许卫正／廖振隆
项目面积：173
投资总额：112
项目地点：台湾台中市

5.
作品名称：凯信地产 ZAMA PARK
个人工作室
参 评 人：武汉名艺佳（JLa）装饰
设计有限公司
设 计 师：龚婉
项目面积：165
投资总额：85
项目地点：湖北武汉市

6.
作品名称：保利大都汇 3-4 办公公寓
样板间
参 评 人：广州新设致尚装饰工程有
限公司
设 计 师：沈吟、唐佩灵、闫娥、
陈飞、黄文
项目面积：60
投资总额：22
项目地点：广东广州市

7.
作品名称：海山壹号销售中心
参 评 人：吕元祥建筑师事务所
设 计 师：许学盈、梁锦驹、邹子琪、
徐奇澧
项目面积：1000
投资总额：1394
项目地点：广东佛山市

8.
作品名称：建发集团中央湾 SOHO 办
公室
参 评 人：广州名艺佳（JLa）装饰
设计有限公司
设 计 师：刘家耀
项目面积：45
投资总额：25
项目地点：福建厦门市

9.
作品名称：建发集团中央湾 SOHO 居
家样板间
参 评 人：广州名艺佳（JLa）装饰
设计有限公司
设 计 师：刘家耀
项目面积：75
投资总额：40
项目地点：福建厦门市

10.
作品名称：绿地苏州湾海珀·宫爵法
式售楼处
参 评 人：任亮
设 计 师：陈斌、刘润东
项目面积：2000
投资总额：1000
项目地点：江苏苏州市

11.
作品名称：绿地智慧城市展示中心
参 评 人：北京建院装饰工程有限公司
设 计 师：曹殿龙、董兵、赵成
项目面积：680
投资总额：800
项目地点：北京

12.
作品名称：兴耀·鑫都汇样板房
参 评 人：许立强
项目面积：86
投资总额：12
项目地点：浙江杭州市

13.
作品名称：庄生梦蝶 . 苏州建发地产
中决天成售楼处
参 评 人：深圳市昊泽空间设计有限
公司
设 计 师：韩松
项目面积：550
投资总额：275
项目地点：江苏苏州市

14.
作品名称：（不详）
参 评 人：唐春
项目面积：520
投资总额：550
项目地点：重庆江北区

休闲娱乐

15.
作品名称：新宇造型沙龙
参 评 人：顾碧波
项目面积：350
投资总额：50
项目地点：浙江宁波市

16.
作品名称：有茶小馆
参 评 人：方日新
项目面积：180
投资总额：50
项目地点：安徽合肥市

17.
作品名称：无锡奥斯卡酒吧
参 评 人：深圳市新冶组设计顾问
有限公司
设 计 师：陈武
项目面积：5000
投资总额：5000
项目地点：江苏无锡市

18.
作品名称：瑜初·自性之初
参 评 人：王卫东
设 计 师：崔勋
项目面积：400
投资总额：60
项目地点：河北石家庄市

19.
作品名称：微派艺术馆
参 评 人：乔飞
设 计 师：谢迎东、管商虎、徐砚斌、
陈素芳、刘凯
项目面积：260
投资总额：30
项目地点：河南郑州市

20.
作品名称：闲云坊茶寮
参 评 人：牛士伟
项目面积：88
投资总额：45
项目地点：河北石家庄市

21.
作品名称：南京某文化中心
参 评 人：刘延斌
项目面积：1000
投资总额：1500
项目地点：江苏南京市

22.
作品名称：厦门宽庐正岩茶会所
参 评 人：林小真
设 计 师：蔡斌
项目面积：280
投资总额：75
项目地点：福建厦门市

23.
作品名称：扬中市文化体育中心（奥
体中心）
参 评 人：林燕
设 计 师：郭浩、尹冬冬、韩仲会、
陈远
项目面积：113000
投资总额：50000
项目地点：江苏镇江市

24.
作品名称：西安高陵嗨麦克情景量贩
KTV
参 评 人：王永
设 计 师：刘军、呼延鑫、王明、
索燕东、杨妍、禄楚涵、
张荣、高敏桢
项目面积：2000
投资总额：600
项目地点：陕西西安市

25.
作品名称：SONG'S CLUB
参 评 人：黄永才
设 计 师：王艳玲、王文杰
项目面积：1600
投资总额：1800
项目地点：广东广州市

1	2	3	4	5
6	7	8	9	10
11	12	13	14	15
16	17	18	19	20
21	22	23	24	25

排名无先后顺序

休闲娱乐优秀设计作品1—25

项目面积单位：平方米
投资总额单位：万元

1.
作品名称：禧芙汇 SPA
参评人：邱洋
设计师：马超龙
项目面积：800
投资总额：300
项目地点：陕西西安市

2.
作品名称：泰乐会
参评人：鲁小川
项目面积：6000
投资总额：3000
项目地点：黑龙江哈尔滨市

3.
作品名称：OMNI club Taipei
参评人：张祥镐
设计师：the LOOP Inc.
项目面积：2500
投资总额：2000
项目地点：台湾台北市

4.
作品名称：Water World
参评人：W Design Office
设计师：王晚成、李敏奇、刘伟
项目面积：20000
投资总额：9000
项目地点：江西南昌市

5.
作品名称：四明香堂香文化会馆
参评人：潘宇
项目面积：2000
投资总额：1500
项目地点：浙江宁波市

6.
作品名称：茶马谷道精品山庄
参评人：李财赋
设计师：赵铁武、胡荣海、郑褐君
项目面积：800
投资总额：350
项目地点：浙江宁波市

7.
作品名称：水云间·茶会所
参评人：蒋国兴
项目面积：460
投资总额：120
项目地点：新疆乌鲁木齐市

8.
作品名称：Saral bar 莎朗清吧
参评人：龙丽仁
设计师：杨靖
项目面积：152
投资总额：35
项目地点：海南海口市

9.
作品名称：美葡坊
参评人：卢忆
项目面积：520
投资总额：86
项目地点：浙江宁波市

10.
作品名称：汐源茶楼
参评人：王践
设计师：毛志泽、蓝兰婉
项目面积：450
投资总额：150
项目地点：浙江宁波市

11.
作品名称：碧漾亲子游泳俱乐部
参评人：张学翠
设计师：张伟、刘飞
项目面积：1270
投资总额：165
项目地点：四川成都市

12.
作品名称：余姚囧网络文化中心
参评人：徐栋
项目面积：350
投资总额：45
项目地点：浙江宁波市

13.
作品名称：罍街茶馆
参评人：许建国
设计师：陈涛、刘丹
项目面积：1200
投资总额：180
项目地点：安徽合肥市

14.
作品名称：胭脂酒馆
参评人：刘涛
项目面积：200
投资总额：180
项目地点：山东青岛市

15.
作品名称：星座会馆
参评人：吕元祥建筑师事务所
设计师：梁锦驹、许学盈
项目面积：1650
投资总额：2300
项目地点：四川成都市

16.
作品名称：胡同茶舍·曲廊院
参评人：韩文强
设计师：丛晓、赵阳
项目面积：450
投资总额：300
项目地点：北京东城区

17.
作品名称：居善地·茶叙
参评人：潘高峰
设计师：姜莺
项目面积：400
投资总额：150
项目地点：浙江宁波市

18.
作品名称：佛山市东方广场新地 KTV
参评人：李健彬
设计师：陈国斌
项目面积：4000
投资总额：500
项目地点：广东佛山市

19.
作品名称：曼悦海温泉度假酒店
参评人：赵宁
项目面积：26000
投资总额：8000
项目地点：宁夏银川市

20.
作品名称：溪云会所
参评人：江西道和设计
设计师：刘坤、高雄、王景前
项目面积：220
投资总额：20
项目地点：江西南昌市

21.
作品名称：何氏推拿
参评人：陶泰州
设计师：田恒宇
项目面积：450
投资总额：58
项目地点：四川绵阳市

22.
作品名称：浮山溪谷
参评人：李金山
项目面积：1600
投资总额：580
项目地点：山东青岛市

23.
作品名称：西安天阙酒吧
参评人：西安壹界建筑设计咨询
有限公司
设计师：杨奕、沈裕程、潘叶青、
张倩
项目面积：10000
投资总额：8000
项目地点：陕西西安市

24.
作品名称：C 平方会所
参评人：孔魏躲
项目面积：250
投资总额：75
项目地点：江苏南通市

25.
作品名称：悦读书吧
参评人：刘国海
设计师：杨跃文
项目面积：110
投资总额：40
项目地点：广东广州市

1	2	3	4	5
6	7	8	9	10
11	12	13	14	15
16	17	18	19	20
21	22	23	24	25

排名无先后顺序

休闲娱乐优秀设计作品1—10　零售优秀设计作品11—25

1.
作品名称：义乌皮卡花生量贩KTV
参 评 人：杭州意内雅建筑装饰设计
　　　　　有限公司
设 计 师：曾文峰、尹杰
项目面积：4000
投资总额：2000
项目地点：浙江金华市

2.
作品名称：建发海西首座茶艺馆
参 评 人：成都名艺佳（JLa）装饰
　　　　　工程设计有限公司
设 计 师：张蒙蒙
项目面积：160
投资总额：100
项目地点：福建厦门市

项目面积单位：平方米
投资总额单位：万元

3.
作品名称：里仁为美
参 评 人：赵晓志
项目面积：680
投资总额：120
项目地点：浙江杭州市

4.
作品名称：湖南怀化新麦来录音棚式
　　　　　量贩KTV设计
参 评 人：DCV第四维创意集团
设 计 师：刘军、王咏、王明、呼延鑫、
　　　　　杨妍、禄楚涵、索燕东
项目面积：5000
投资总额：1500
项目地点：湖南怀化市

5.
作品名称：卜居茶社
参 评 人：境荷建筑环境设计事务所
设 计 师：胡卫民、魏贯超、陈文博、
　　　　　史永红、崔治明、栗师师、
　　　　　赵莹、焦凯歌
项目面积：1630
投资总额：300
项目地点：河南郑州市

6.
作品名称：唠嘟KTV
参 评 人：境荷建筑环境设计事务所
设 计 师：胡卫民、赵莹、陈文博、
　　　　　陈文超
项目面积：2000
投资总额：220
项目地点：河南郑州市

7.
作品名称：万科同乐汇
参 评 人：槃达建筑设计
设 计 师：孙大勇、Chris Precht、
　　　　　白雪、权赫、李朋冲
项目面积：800
投资总额：300
项目地点：北京房山区

8.
作品名称：99街区KTV量贩
参 评 人：康杰程
项目面积：7200
投资总额：1560
项目地点：云南昆明市

9.
作品名称：BOX酒吧
参 评 人：孙义
项目面积：130
投资总额：18
项目地点：重庆渝北区

10.
作品名称：兰·私人会馆
参 评 人：谢辉
设 计 师：王雨、闫沙丽
项目面积：300
投资总额：300
项目地点：四川成都市

零售空间

11.
作品名称：Kingbaby珠宝店
参 评 人：穆哈地设计咨询（上海）
　　　　　有限公司
设 计 师：颜呈勋
项目面积：70
投资总额：100
项目地点：北京北京

12.
作品名称：上海华润五彩城
参 评 人：J&A杰恩设计
设 计 师：姜峰
项目面积：55000
投资总额：10000
项目地点：上海嘉定区

13.
作品名称：同德昆明广场
参 评 人：J&A杰恩设计
设 计 师：姜峰
项目面积：100000
投资总额：300000
项目地点：云南昆明市

14.
作品名称：意凡家世界国际家居馆
参 评 人：卢涛
项目面积：102000
投资总额：60000
项目地点：四川乐山市

15.
作品名称：名家居世博园家居MALL
参 评 人：陈飞杰香港设计事务所
设 计 师：陈飞杰
项目面积：430000
投资总额：0
项目地点：广东东莞市

16.
作品名称：SHOW ROOM服装店
参 评 人：蔡远波
项目面积：420
投资总额：50
项目地点：贵州贵阳市

17.
作品名称：镁派店
参 评 人：蔡小城、郭坤仲
项目面积：65
投资总额：25
项目地点：福建厦门市

18.
作品名称：成都方所书店
参 评 人：深圳市朱志康设计咨询
　　　　　有限公司
设 计 师：朱志康、贾璐、黎流针、
　　　　　黎合
项目面积：5508
投资总额：未知
项目地点：四川成都市

19.
作品名称：城市中的森林
参 评 人：盛利
项目面积：90
投资总额：28
项目地点：江苏南京市

20.
作品名称：大连先创音响体验店
参 评 人：吕靖
设 计 师：王立恒
项目面积：200
投资总额：110
项目地点：辽宁大连市

21.
作品名称：HAPE玩具体验店
参 评 人：邱洋
设 计 师：马超龙
项目面积：90
投资总额：18
项目地点：陕西西安市

22.
作品名称：桂新园
参 评 人：胡世列
项目面积：426
投资总额：100
项目地点：浙江温州市

23.
作品名称：昆山美吉特商场
参 评 人：张林
设 计 师：周华
项目面积：480000
投资总额：1000000
项目地点：江苏苏州市

24.
作品名称：安奈儿旗舰店
参 评 人：深圳绽放品牌设计顾问
　　　　　有限公司
设 计 师：李宝龙、邢子超、方富明、
　　　　　陈小虎
项目面积：90
投资总额：80
项目地点：广东深圳市

25.
作品名称：巴鲁特男装轻奢生活馆
参 评 人：杭州设谷装饰设计有限公司
设 计 师：谢银秋、徐梁
项目面积：280
投资总额：65
项目地点：浙江金华市

1	2	3	4	5
6	7	8	9	10
11	12	13	14	15
16	17	18	19	20
21				

排名无先后顺序

零售优秀设计作品1-21

项目面积单位：平方米
投资总额单位：万元

1.
作品名称：宜兴雪竹尚品旗袍会所
参 评 人：北岸建筑装饰设计有限公司
设 计 师：尼克、王星
项目面积：200
投资总额：50
项目地点：江苏无锡市

2.
作品名称：ISITCASA 家具馆
参 评 人：洪文谅
项目面积：198
投资总额：60
项目地点：台湾台北市

3.
作品名称：木泥阁服饰店
参 评 人：陈雅昌
设 计 师：林晋宏
项目面积：345
投资总额：120
项目地点：台湾高雄市

4.
作品名称：福建漳州 I.N SHOP 服装店
参 评 人：林嘉诚
设 计 师：陈治谋
项目面积：19
投资总额：22
项目地点：福建漳州市

5.
作品名称：VICUTU 服装 3 品牌合店
参 评 人：李硕
设 计 师：奚溪
项目面积：600
投资总额：200
项目地点：四川成都市

6.
作品名称：荣宝斋咖啡书屋
参 评 人：韩文强
设 计 师：杨滨林、黄涛、李云涛
项目面积：293
投资总额：100
项目地点：北京西城区

7.
作品名称：ECLAT 企业股份有限公司
　　　　　一楼
参 评 人：马静自
项目面积：231
投资总额：198
项目地点：台湾台北县

8.
作品名称：近·韩国女装
参 评 人：魏贤龙
设 计 师：史健、陈欣、王珊珊、
　　　　　翟亚东
项目面积：110
投资总额：26
项目地点：辽宁大连市

9.
作品名称：MY BAKERY 麦焙客·时
　　　　　尚烘焙
参 评 人：黄婷婷
项目面积：150
投资总额：32
项目地点：福建福州市

10.
作品名称：FORUS
参 评 人：国广一叶装饰机构
设 计 师：李超、朱毅、庄养涛
项目面积：300
投资总额：30
项目地点：福建福州市

11.
作品名称：孤楼·ISSI 设计师时装品
　　　　　牌集合店
参 评 人：胡武豪
设 计 师：黄淼、胡华冰、陈浩
项目面积：1800
投资总额：300
项目地点：上海虹口区

12.
作品名称：水精之恋增城万达
参 评 人：广州韦利斯室内设计有限
　　　　　公司
设 计 师：练伟全
项目面积：160
投资总额：55
项目地点：广东广州市

13.
作品名称：大慈寺文化商业综合体
参 评 人：李晓峰
项目面积：26824
投资总额：493
项目地点：四川成都市

14.
作品名称：林茂森茶行·新释甘味
参 评 人：开物设计
设 计 师：杨竣淞、罗尤呈
项目面积：215
投资总额：150
项目地点：台湾台北市

15.
作品名称：珍华堂银楼
参 评 人：沈江华
设 计 师：赖坤林
项目面积：317
投资总额：150
项目地点：福建福州市

16.
作品名称：深圳八号仓奥特莱斯购物
　　　　　中心
参 评 人：胡威
设 计 师：吴毅双
项目面积：74170
投资总额：10000
项目地点：广东深圳市

17.
作品名称：端源私家茶
参 评 人：天天向上设计顾问有限公司
设 计 师：刘嘉培
项目面积：90
投资总额：47
项目地点：广东中山市

18.
作品名称：蜜忆
参 评 人：河南壹念叁仟装饰设计
　　　　　工程有限公司
设 计 师：李世杰、李浩、樊正涛、
　　　　　王琦、高乾坤、赵保松
项目面积：240
投资总额：300
项目地点：河南郑州市

19.
作品名称：逸舒之家 2015 少年宫店
参 评 人：王冬梅
项目面积：240
投资总额：90
项目地点：山西太原市

20.
作品名称：山东美术馆衍生品店
参 评 人：何勇
设 计 师：岳伟、贾志远、王凡
项目面积：260
投资总额：15
项目地点：山东济南市

21.
作品名称：中山远洋广场大信新都汇
参 评 人：AIDG 中建南方设计集团
设 计 师：胡正亮、张盼利、陶珏瑛、
　　　　　黄莹婷、程杰岱
项目面积：80000
投资总额：1200
项目地点：广东广州市

大事记

规范与标准

2014年9月18日
严禁拆并传统村落 要求见人见物见生活
为防止出现盲目建设、过度开发、改造失当等修建性破坏现象，积极稳妥地推进中国传统村落保护项目的实施，住房城乡建设部、文化部、国家文物局日前出台《关于切实加强中国传统村落保护的指导意见》。

2014年9月20日
住房城乡建设部办公厅发出通知尽快落实工程质量治理两年行动有关工作
为进一步贯彻落实全国工程质量治理两年行动电视电话会议精神，住房城乡建设部办公厅发出《关于落实工程质量治理两年行动有关工作的通知》，要求各地住房城乡建设主管部门，按照《工程质量治理两年行动方案》的要求，尽快落实有关工作。

2014年10月8日
北京调整普通住房价格标准
北京市住房城乡建设委、财政局、地税局近日联合发布《关于公布本市各区域享受优惠政策普通住房平均交易价格的通知》，明确自10月8日起，购房人根据新的普通住房价格标准纳税。据北京市住建委统计，新标准实施后，享受到普通住房税收优惠的购房家庭比重扩大到90%以上。

2014年12月2日
住房城乡建设部通知明确在公园设立私人会所或无缘国家园林城市
为贯彻落实《中共中央办公厅、国务院办公厅转发住房城乡建设部等部门<关于严禁在历史建筑、公园等公共资源中设立私人会所的暂行规定>的通知》，住房城乡建设部近日下发通知，要求各地跟踪整治到位、畅通监督渠道、加强部门协作、建立长效机制，进一步做好清理整治工作，巩固整治"会所中的歪风"工作成果。

2014年12月4日
住房城乡建设部出台管理办法规范违法违规行为举报管理
住房城乡建设部印发《住房城乡建设领域违法违规行为举报管理办法》（以下简称《管理办法》），旨在规范住房城乡建设领域违法违规行为举报管理，保障公民、法人和其他组织行使举报的权利，依法查处违法违规行为。《管理办法》自2015年1月1日起施行。

2015年1月8日
污水处理费调整将逐步到位
财政部、国家发展改革委、住房和城乡建设部联合印发的《污水处理费征收使用管理办法》明确提出，污水处理费征收标准应覆盖污水处理设施正常运营、污泥处理处置成本以及合理盈利，暂时不能达到征收标准的，应逐步调整到位；污水处理费不能保障城镇排水与污水处理设施正常运营的，地方财政应当给予补贴。《办法》于3月1日起施行。

2015年2月4日
新型城镇化综合试点方案正式印发 建筑装饰行业布局"城时代"
千呼万唤的《国家新型城镇化综合试点方案》终于正式印发。与此前的市场预期一致，江苏、安徽两省和宁波等62个城市（镇）被列为国家新型城镇化综合试点地区。

2015年3月30日
国土资源部住房城乡建设部通知要求优化2015年住房及用地供应结构
为贯彻国务院关于房地产市场分类调控、因地施策的总要求，国土资源部和住房城乡建设部日前联合下发通知，要求各地优化2015年住房及用地供应结构，促进房地产市场平稳健康发展。

2015年4月10日
"选配"变"标配" 建筑节能标准化建设发力
"到2020年，建成指标先进、符合国情的节能标准体系，主要高耗能行业实现能耗限额标准全覆盖，80%以上的能效指标达到国际先进水平，标准国际化水平明显提升。"国务院发布《关于加强节能标准化工作的意见》，为我国的节能标准化工作勾勒蓝图。

2015年5月12日
首个国家级生态文明建设专题部署文件出台，"绿色化"成为建筑业新常态
国务院发布《关于加快推进生态文明建设的意见》，强调要积极实施主体功能区战略、大力推进绿色城镇化、加快美丽乡村建设、推进节能减排等。这是我国首个就生态文明建设进行专题部署的文件，"绿色化"成为贯穿始终的主线。

2015年5月16-18日
国务院力挺建筑业多领域深化改革
5月16日，国家发改委召开全国经济体制改革工作会议，力求进一步推进简政放权、国企改革、财税改革、城镇化、对外开放、民生保障等六大领域改革。两天后的5月18日，国务院转发《关于2015年深化经济体制改革重点工作的意见》，重点部署简政放权、国企改革、财税改革、城镇化等领域，其中建筑业国资改革、营改增，以及新型城镇化等再被重点提及。

2015年5月26日
首份"国字头"PPP指导意见出台 建筑业下一个"风口"将至
《关于在公共服务领域推广政府和社会资本合作模式的指导意见》发布，中国式PPP进入全面试水期。这是继《基础设施和公用事业特许经营管理办法》后，政府鼓励民间资本投资的又一重要举措，也是首份以国务院办公厅名义来推广PPP的文件。

2015年6月25日
城市综合管廊投资估算指标发布
住房城乡建设部标准定额司、城市建设司组织部标准定额所、上海市政工程设计研究总院等单位，共同编制完成了《城市综合管廊工程投资估算指标》。

2015年6月26日
绿色建材推广呼唤标准守关人
北京市环保部门发布五项大气污染物排放地方标准，其中涉及家具制造业；5月，国家标准委批准发布了新修订的陶瓷砖国家标准；4月，住建部、工信部联合发布《绿色建材评价标识管理办法实施细则（征求意见稿）》……标志着国内绿色建材产业步入规范化发展进程。今年上半年，家居建材行业密集颁布实施或酝酿出台各项行业新标准，直指节能环保，其中涵盖家具、陶瓷、卫浴等建材行业多个领域，为企业发展套上"紧箍咒"。

2015年7月9日
七部门督促做好中国传统村落保护工作
住房城乡建设部、文化部、国家文物局、财政部、国土资源部、农业部和国家旅游局七部门近日联合下发通知，督促各地做好中国传统村落保护工作，今年重点抓好传统村落补充调查、建立地方传统村落名录等工作。从今年起，住房城乡建设部等部门每年将对前一年度获中央财政支持的传统村落保护项目实施情况进行专项督察。

建筑与设计

2014年9月16日
标准院"百年住宅"亮相住博会
第十三届中国国际住宅产业暨建筑工业化产品与设备博览会上，中国建筑标准院研究院"科技百年住宅"样板间，凭借"SI住宅内装修体系"成为本届住博会的亮点。

2014年9月20日
"城市：置入，再现"展览北京开幕
由《城市中国》杂志与Studio-X（哥伦比亚大学北京建筑中心）共同主办的"城市：置入，再现"展览在北京方家胡同46号院开幕。此次展览亦是2014北京国际设计周的系列活动之一。

2014年9月20日
深港双城双年展十年回顾展威尼斯开幕
深双@威双之"UABB2005-2014十年回顾展"正式亮相第14届威尼斯建筑双年展中国馆。展览从"十年五届深港城市"和"建筑双城双年展"中精选了近二十件作品进行展览。展览于10月20日结束。

2014年9月23日
中国最大规模马蹄莲仿生建筑投用
经过近4年的建设，武汉光谷未来科技城中一座酷似马蹄莲的建筑——武汉新能源研究院正式投入使用。这座高100多米、总投资5.31亿元、面积达6.8万多平方米的节能建筑是中国目前规模最大的仿生建筑。

2014年9月23日
《TOD在中国》新书签发暨研讨会在津举行　共同探讨中国可持续城市的发展模式
在第九届城市发展与规划国际大会在天津召开之际，能源基金会中国举办了《TOD在中国——面向低碳城市的土地使用与交通规划设计指南》新书发布暨研讨会。

2014年9月24日
为进一步推动工程质量治理两年行动，住房城乡建设部召集各省、自治区、直辖市及新疆生产建设兵团住房城乡建设主管部门工程质量监督和建筑市场监管执法人员召开专题会议，部署进一步加强工程质量治理两年行动监督执法工作。副部长王宁出席会议并讲话。

2014年9月26日
空间叙事体验-学术论坛在清华大学美术学院成功举行
"空间、叙事、体验"学术论坛在清华大学美术学院成功举行，来自国外的著名展陈设计师、建筑师与清华大学美术学院的教授进行探讨。

2014年9月27日
国际展陈设计专业前沿趋势
北京国际设计周"2014展陈设计+"及系列活动伴着飒飒秋风翩然而至，国内外设计师相聚在歌华大厦一层。

2014年9月29日
毕路德(BLVD)银川艾依河景观项目成功入围2014世界建筑节
从2014世界建筑节World Architecture Festival组委会获悉，毕路德（BLVD）设计完成的银川艾依河滨水景观公园（Waterfront Landscape Park along Ai Yi River in Yinchuan）以其融合中国传统文化的地域性体验，在我国大西北营造出一片生态休闲的绿意景致，形成银川最具影响力的城市新名片。该项目在来自全球同类别600余个参赛项目中脱颖而出，成功入围，展现了毕路德代表华人设计企业独有的风采。今年的入围名单中包括了扎哈·哈迪德，雷姆·库哈斯，诺曼·福斯特，伍兹贝格等世界级设计大师的作品。

2014年9月30日
RIBA公布汤姆•梅恩、王澍和陆文宇等资深荣誉会员及国际会员名单
英国皇家建筑师协会（RIBA）公布了13位资深荣誉会员以及11位国际会员名单，其中包括王澍及妻子陆文宇，于2015年2月3日举行颁奖典礼，同时颁发近日已公布获奖人的RIBA皇家金牌。

2014年10月9日
我国最大绿色仿生建筑启用
由武汉市政府与华中科技大学共同建设的新能源研究院对外宣布正式启用。研究院大楼位于东湖高新区，由世界著名的荷兰荷隆美设计集团公司和上海现代设计集团公司联合设计，是目前我国最大的绿色仿生建筑。

2014年10月10日
五台山："又见五台山"剧场建成
依山而建逶迤而上的"又见五台山"剧场，能容纳1600名观众，由北京市建筑设计研究院建筑师朱小地和王潮歌导演共同设计完成。剧场由一个长131米、宽75米、高21.5米的大空间构成。

2014年10月10日
华裔女建筑师林璎获美国艺术大奖
据美国《侨报》报道，著名华裔建筑师林璎(Maya Lin)获得美国艺术大奖"多乐丝和莉莉安吉施奖"(Dorothy and Lillian Gish Prize)。这是一个享有很高声誉且奖金丰厚的艺术奖，奖金30万美元。颁奖典礼于11月12日在现代艺术博物馆举行。

2014年10月12—13日
2014年全国建筑工程装饰奖及科技创新成果总结交流会召开。会议旨在总结2013—2014年度第二批全国建筑工程装饰奖和科技创新成果在创建过程中的经验，与全行业分享。中国建筑装饰协会会长李秉仁、副会长兼施工委秘书长陈新及近五百位装饰企业代表出席了此次会议。
2014年10月18日
2014年中国•设计•创造国际学术论坛在重庆成功举办
2014年中国•设计•创造国际学术论坛在重庆•茶艺山庄国际会展大厅隆重开幕,本次会议由世界华人建筑师协会、重庆大学城市科技学院、重庆历史文化名城专业委员会和重庆市永川区人民政府主办。

2014年10月18日
创建高智慧服务平台 美国易隆设计上海分公司隆重开业
美国易隆设计有限公司上海分公司在上海商城隆重开业。很多政界、商界、投资界、教育界的精英人士到场。庆典上易隆设计还与武汉大学城市规划学院签订了关于人才培养和项目开发的长期合作框架协议。

2014年10月23日
砖砌外墙 李晓东设计宁波涤尘谷山地小筑
RAIC 国际奖的获奖者——清华大学建筑学院教授李晓东，完成了精致砖砌外墙的、集办公、住宿于一体的建筑，该项目位于浙江省宁波市郊外的涤尘谷。

2014年10月28日
国内首个地铁博物馆在上海开门
上海地铁博物馆处于试运营，已有数百位市民提交预约。作为中国唯一的地铁专业博物馆，将有60多个展项与观众见面。地铁方即日起向公众征集"记忆"展品，期待散落在民间的上海地铁实物汇聚起来。据悉，博物馆二期已开始酝酿，除展区扩容，市民还可"参观"地铁停车场、控制中心"神经中枢"等平常难以见到的场景。

2014年10月31日
首届"世界城市日"关注"城市转型与发展"
首届"世界城市日"全球启动仪式在上海举行，这是联合国首个以城市为主题的国际日，也是第一个由中国政府倡导并成功设立的国际日。

2014年11月3日
全国工程造价管理改革会议召开

为贯彻落实党的十八届三中、四中全会精神，适应中国特色新型城镇化和建筑业转型发展需要，住房城乡建设部召开全国工程造价管理改革工作会议，部署落实《住房城乡建设部关于进一步推进工程造价管理改革的指导意见》精神。

2014年11月7日-9日

WACA•十年："世界华人理想家园"

历时3天的WACA•十年"世界华人理想家园"2014世界华人建筑师协会年会暨颁奖典礼，于成都西南交通大学建筑学院建筑馆圆满举行。

2014年11月18日

中国建筑装饰企业 闪耀APEC峰会

2014年APEC会议虽已落幕，但北京雁栖湖核心岛却一夜成名。旖旎的山水间，古朴典雅的汉唐风格建筑在会议期间大放异彩，也让中国建筑装饰行业倍感荣耀——这是中国建筑装饰技艺在世界舞台上的一次重要亮相。会议中心"汉唐飞雁"、会议酒店"日出东方"、贵宾别墅"叠台揽胜"……在技艺精湛的工匠手中，中国深厚的传统文化不仅仅体现在名字上，还随着装饰施工的过程，深深地融入建筑的每一寸肌理。

2014年11月18日

宛如游龙 宁波城市规划馆中标方案

该项目的建设方案灵感来自这一古老的艺术形式，展览中心结构和空间像一条丝带一样包络交织在一起。从地面的水平开始，丝带缠绕着整个建筑物，限定了建筑的体量和流通空间。

2014年11月24日

住房城乡建设部通知要求加强城市轨道交通线网规划编制

为落实《国务院关于加强城市基础设施建设的意见》的有关要求，推进地铁、轻轨等城市轨道交通系统建设，住房城乡建设部印发通知，要求各地加强城市轨道交通线网规划编制。

2014年11月24日

国内西南部最高建筑 成都晶状摩天大楼动工

成都绿地中心，建筑高度468米，由Adrian Smith和Gordon Gill设计，建筑师曾在SOM工作，设计过哈里发塔和即将建成的王国塔。成都绿地中心将会成为中国西南部最高的建筑。

2014年11月26日

安徽14种传统徽派建筑入"国谱"

在国家住建部最新汇编成册的《中国传统民居类型全集》中，安徽的14种传统徽派建筑"名列其中"，它们分别是代表皖南片特色的徽州民居、土墙屋、树皮屋、石屋、吊脚楼、皖东南民居；代表江淮片的皖西南大屋、皖西北圩寨、江淮天井式民居、合肥院落式民居、桐城氏家大宅、船屋，以及代表皖北片的亳州四合院、淮北民居。

2014年12月4日

第二届全国勘察设计行业科技创新大会召开

第二届全国勘察设计行业科技创新大会在京召开。会议总结了近年来全国工程勘察设计在科技创新方面所取得的成就，以"科技创新，融合发展"为主题，探讨勘察设计行业在新形势下开展科技创新的新思路和新方法。

2014年12月5日

中国传统村落名录再添994个村落

住房城乡建设部、文化部、国家文物局、财政部、国土资源部、农业部、国家旅游局七部门近日公布第三批列入中国传统村落名录的村落名单，北京市门头沟区雁翅镇碣石村等994个村落入选。

2014年12月6日

金堂奖颁奖典礼开幕

备受关注的2014金堂奖•中国室内设计年度评选颁奖典礼在广州保利世贸展览馆举行，国内设计界泰斗、国际设计大师、各地设计精英齐聚一堂，见证年度人物机构、年度十佳作品的产生。

2014年12月7日

红棉奖7成为建材产品 设计成为企业转型落脚点

2014广州设计周12月5日拉开帷幕，作为设计周期间一项重要奖项——2014"红棉奖"12月7日举办颁奖盛典，其中共计39家企业53个产品获得"2014红棉奖—产品设计奖"，获奖产品7成为家居建材产品，本土品牌卫浴产品大面积获奖，占获奖产品36%。这是首次国内一线品牌家居建材产品集体参与红棉奖评选，在品牌集中度低、产品同质化严重等行业现状下，设计成为企业转型落脚点，2014红棉奖体现出家居行业"品牌化"转型的一次集体尝试与较量。

2014年12月11日

住房城乡建设部办公厅通知4地区试点工程勘察设计资质网上申报审批

为进一步推进建设工程企业资质申报和审批电子化进程、减轻企业负担和社会成本、提高资质审批效率，住房城乡建设部决定在北京、山东、江苏、四川4个地区，开展工程勘察设计资质网上申报和审批系统试点。住房城乡建设部办公厅近日下发通知，就试点工作提出具体要求。

2014年12月12日

建筑装饰行业吹响转型升级奋进号角

由中国建筑装饰协会主办、中华建筑报社承办的以"纵横装饰三十年•创新转型谋发展"为主题的中国建筑装饰行业三十年纪念大会在北京国家会议中心隆重召开。

2014年12月12日

"梦家园"杯丹东港中国十佳木结构优秀工程揭晓

中国现代木结构建筑技术产业联盟2014年会暨"梦家园"杯丹东港2014中国木结构优秀工程评选颁奖仪式，在北京西苑饭店宴会厅隆重举行。

2014年12月15日

第三届城市地下空间开发利用研讨会成功召开

由中国勘察设计协会人民防空与地下空间分会主办，中国建筑标准设计研究院承办的"第三届城市地下空间开发利用研讨会"在北京成功召开。

2014年12月24日

2014中国建筑涂料行业年度盛典在京举行

中国建筑装饰装修材料协会建筑涂料分会在北京举办"2014中国建筑涂料行业年会"这是我国建筑涂料行业今年最后一个年度行业盛典，两百余家建筑涂料企业汇聚北京，总结梳理2014年中国建筑涂料行业发展情况，规划2015年建筑涂料行业整体发展。

2014年12月26日

住房城乡建设部通知要求坚决制止破坏保护性建筑行为

针对各地时有发生的拆除保护性建筑的现象，住房城乡建设部近日下发通知，要求各地按照国家有关法律法规的要求，坚决制止拆毁、破坏保护性建筑的行为，切实做好保护性建筑的保护工作。

2014年12月30日

马岩松入列100名最具创意的商业人士

2014年似乎是"马岩松年"，作为MAD建筑事务所的创办人，马岩松近期当选全球青年领袖，并在《快递公司》(FastCompany)评选出的"100名最具创意的商业人士"中位列第53，是唯一上榜的建筑师。

2015年1月9日

2014中国六大城市群排名出炉：长三角第一京津冀第三

2014年中国六个城市群综合指数水平的排名依次为：长三角、珠三角、京津冀、山东半岛、中原经济区、成渝经济区。城市群作为国家新型城镇化规划建设的"主体形态"，成为2014年最为关注的城市话题。

2015年1月9日

福布斯中文版连续第五年发布中国大陆城市创新力排行榜，深圳、苏州、北京在这个由"25个最具创新力的城市"组成的榜单上名列前三。

2015年1月10日
国内建筑第一难 武大建巨型钻石悬挑楼
在武汉大学校园内，一颗高28米的巨型"钻石"拔地而起，这是该校新建的钢结构博物馆楼体，其建筑难度创下"国内建筑第一"：总长度为78米，前端悬挑跨度达48米，也就是大半楼体处于悬空状态。

2015年1月14日
首批"中国建筑学会建筑科普教育基地"落户北京交通大学
中国建筑学会首批"中国建筑学会建筑科普教育基地"落户北京交通大学揭牌仪式，"绿色建筑信息化与工业化技术应用交流会"在北京交通大学举办。

2015年1月19日
54个项目获2014年中国人居环境范例奖
住房城乡建设部通报了2014年中国人居环境范例奖获奖名单，"北京市朝阳循环经济产业园项目"等54个项目位列其中。

2015年1月23日
《人居环境》"生态环境设计"沙龙成功举办
"生态环境设计"沙龙在北京中国建筑文化中心七楼会议室成功举办，来自各大设计院的专家学者近百人参加了此次活动。本次沙龙由《人居环境》杂志主办，北京东方园林生态股份有限公司协办。

2015年1月23日
全球首套3D打印房屋亮相中国苏州
3D技术再创新高。一间上海公司winsun装饰设计工程有限公司，继完成10座可回收混凝土材料房子之后，又创建了六层高的组式住宅楼。单座建筑面积达1100平方米，进一步加强了该公司的领先全球的制造业形象。这个大尺度的建筑是由一个高7米、宽10米、长40米的离线机器制造的一件件零件组成的，生产后在苏州工业园区进行组装。

2015年2月3日
清华大学建筑学院朱文一教授团队获"芝加哥建筑奖"大奖
芝加哥建筑奖（Chicago Prize）由成立于1885年的芝加哥建筑俱乐部和成立于1966年的芝加哥建筑基金会共同举办，每两年一次。主办方在颁奖典礼和获奖作品展览开幕式上，宣布了2014芝加哥建筑奖的两个获奖方案和3个入围作品。清华大学建筑学院朱文一教授及傅隽声、梁迎亚团队提交的"方案0"（Plan0）在竞赛中获得大奖。

2015年2月28日
苏州中心揭幕世界最大整体式曲面采光顶
苏州中心商场裙楼是该突破性发展计划的重要组成部份，贝诺为其提供建筑及室内设计，其中将建成世界上最大的薄壳结构。苏州中心预计于2017年完工并投入使用。

2015年3月4日
北京：新机场航站楼概念设计方案曝光
巴黎机场工程公司(ADPI)联手扎哈•哈迪德建筑事务所共同完成了"北京新机场航站楼"的概念设计，这座航站楼位于大兴，是全球最大的机场客运大楼。本次公布的最新设计方案是在ADPI中标方案的基础上，根据北京新机场建设指挥部(BNAH)的意见修改而来。基于2011年中标的设计方案，BNAH与竞赛联盟组成员英国Buro Happold工程顾问公司、Mott MacDonald国际咨询公司以及EC Harris建筑资产咨询公司创建了联合设计团队，共同优化概念设计。

2015年3月10日
马岩松携 "南京证大大拇指广场"亮相2013年深港双城双年展
马岩松的作品"山水•实验•综合体"在2013年深港城市建筑双城双年展文献仓库展出。这件介于建筑模型和景观装置之间的作品，是基于MAD的最新项目——"南京证大大拇指广场"所创作的。这座建筑面积近60万平方米的城市综合体预计在2017年建成。

2015年3月17日
四川眉山文化中心中标方案公布
西班牙Rafael de La-Hoz与中国哈尔滨工业大学建筑设计研究院(ADRI-HIT)合作，赢得了四川眉山文化中心的竞赛设计。四川眉山文化中心的竞赛设计项目位于四川省南部，包括体育中心、5个博物馆、图书馆和展览中心。西班牙RafaeldeLa-Hoz与中国设计院哈尔滨工业大学建筑设计研究院(ADRI-HIT)合作，赢得了位于四川眉山文化中心的竞赛设计。

2015年3月18日
北京reMIXstudio临界工作室新作 巴米扬文化中心亮相
由北京reMIXstudio临界工作室设计的巴米扬文化中心方案最近亮相，项目地点位于阿富汗。巴米扬文化中心不仅仅是一个建筑，还是一个开放的设施，由"洞穴"和"通道"共同组成。

2015年3月26日
中国院2015海峡两岸绿色建筑技术论坛在京召开
"中国院2015海峡两岸绿色建筑技术论坛"在北京中国建筑设计研究院成功召开。

2015年3月28日
2015年两岸四地建筑设计大奖——获奖名单公布
香港建筑师学会举办的"2015年香港建筑师学会两岸四地建筑设计论坛及大奖"举行。最受关注的是两岸四地的建筑师就别具创新的建筑议题进行讨论，晚宴上亦公布了备受国际建筑界关注的大奖得奖名单。

2015年3月30日
"海峡两岸设计营"北交大开幕 汉能薄膜发电点燃两岸设计之光
"2015海峡两岸设计营"开营仪式暨汉能全球薄膜发电产品创新大赛宣讲会在北京交通大学拉开了帷幕，活动围绕薄膜发电的主题，进行了开营仪式、专家讲座、技术宣讲、学生实践工作营等形式多样、全方位的交流活动。

2015年4月3日
建筑装饰业"出海"提速
2015年博鳌亚洲论坛上，基础设施建设、"一带一路"构想等再次成为与会各国领导探讨和交流的话题。中国将以交通基础设施为突破，优先部署与邻国的铁路、公路项目。这些信息不仅将带动基建、交通、机械等行业的发展，还把更多的机遇摆在了有拓展海外业务需求的建筑装饰企业面前。在这样的背景下，建筑装饰业海外发展战略再度升温，装饰行业"出海"将提速。

2015年4月14日
在米兰 有一种设计叫"中国"
中国当代家具跨界设计展登陆2015米兰设计周，中国8大家居品牌荣麟、联邦、久盛、仁豪、九牧、锐驰、澳珀、拉卡萨亮相。中国参访团精英代表在接受网易家居专访时表示，中国的原创设计正在逐渐走向世界舞台，秉承对文化的坚守、对设计的创新，中国设计坚持就会成功。

2015年4月16日
河南"板凳大楼"跨路而建 总投资达4.5亿
"板凳大楼"是鹤壁市"9+1"重点工程项目之一，为河南省首座跨路景观大厦，占地面积41亩，总建筑面积约9万平方米，总投资约4.5亿元，由两栋高约86米的建筑横跨在珠江路两侧，宛如"龙门"形状。

2015年4月23日
30个街区入选首批中国历史文化街区
北京市皇城历史文化街区、天津市五大道历史文化街区、吉林省长春市第一汽车制造厂历史文化街区等30个街区入选首批中国历史文化街区。住房城乡建设部、国家文物局近日下发通知公布了名单。

2015年4月29日
故宫年内将在北京海淀建分院 建筑方案"五选一"
有着"紫禁城别苑"之称的故宫北院区自2013年启动"宫廷园艺"工程

后，其主体建筑面貌广受社会关注。故宫北院区的5个设计方案向社会公开征集意见。故宫博物院院长单霁翔表示，最终方案将综合考虑业内专家、故宫全体员工及广大观众的意见，争取近期确定，年内开工。

2015年5月1日
米兰世博会中国馆亮相 主题为希望的田野
2015年意大利米兰世博会拉开帷幕，世博会中国馆也于同日开馆。作为上届世博会主办国，中国也以本届世博会最大参展国的身份，首次以自建馆的形式参加海外举办的注册类世博会，共设有中国馆、中国企业联合馆和万科馆3个展馆。当天下午，中国馆向公众开放后，仅仅半天时间就接待了6550名访客，参观者纷纷盛赞中国馆。

2015年5月8日
透过年报看趋势 装饰龙头企业大玩多元化跨界
截至4月末，老牌装饰五子2014年报全部发布，装饰板块5家上市公司净利润增速同步放缓。积极应对传统主业放缓压力，主动转变经营模式、拓展新业务，已经成为他们共同面对的课题。"跨界"已经成为他们拓展业务的关键词，这一思路也必将成为引领行业企业转型升级、开拓未来的发展之道。

2015年5月9日
古都保护与旧城改造之路任重道远
由北京土木建筑学会建筑设计委员会主办的"古都风貌保护与旧城改造"学术沙龙在北京东景缘正式启动。沙龙聚焦各行业人士观点，以更加开放的姿态和多元化的视角，从不同角度谈论"古都保护与旧城改造"现状，探讨发展方向，寻觅发展之路。

2015年5月10日
"圆明新园"首期即将开放 浙江横店耗资300亿
浙江横店集团耗资300亿元按1:1的比例在横店仿建的"圆明新园"首期建成并对外开放，据介绍，整个"圆明新园"将在2016年全部落成。"圆明新园"占地6200多亩，分100个园区，由春苑、夏苑、秋苑、冬苑四个板块组成。将于5月10日率先开放的"春苑"是"圆明新园"中面积最大的，拥有45个相对独立的园区，建筑形式上既有皇家建筑、官家建筑，也包含了商家建筑和民间建筑，还包括一个人工湖——"福海"。

2015年5月13日
福州27亿酷似"茉莉花"海峡文化艺术中心2018年投用
位于三江口片区的海峡文化艺术中心正在加紧建设，有望2018年上半年建成投入使用，将成为闽江畔的梦幻建筑群和福州市新地标。海峡文化艺术中心位于仓山区城门镇梁厝村，总投资27亿元，规划用地237亩，建筑面积约15万平方米，其中地面建筑面积约10万平方米，地下室建筑面积约5万平方米。

2015年5月14日
专注剧院20年 中孚泰实现从声学工程到系统集成转变
在深圳召开的第十一届中国(深圳)国际文化产业博览交易会上，享有剧院建设专家与领导者美誉的中孚泰文化集团，向业界展现其20年来经典剧院案例的同时，首次揭示了其在剧院建设中的系统集成技术。

2015年5月19日-5月22日
"新常态•新设计"2015清华设计学术周今日开幕
2015清华设计学术周在清华大学举行，本届学术周活动以"新常态•新设计"为主题，将为北京地区从事建筑行业的专业设计人士提供一场集论坛、展览、话剧等多种形式的视听盛宴。

2015年5月22日
青岛首座互联网+购物中心华尔兹广场开工建设
作为西海岸新区2015"项目建设落实年"推进的重点项目之一，华尔兹广场总投资5亿元，占地面积16000平方米，建筑面积66000平方米。该项目是在西海岸东区中心腹地精心打造的城市商业中心、时尚名品中心、休闲娱乐中心，是新一代复合型、全业态的城市综合体。

2015年5月26日
上海民国建筑被人为"拔高"一层
近期，文物建筑遭破坏的现象频频发生，令人痛心。先是外滩百年历史建筑遭"刷脸"，再是北外滩英商班达蛋行旧址被拆除。在长宁区，一栋民国时期建造的历史保护建筑大西别墅也被曝遭到改建，被人为"拔高"了一层。

2015年5月27日
厦门北火车站获国际大奖 系中南建筑设计院设计
由中南建筑设计院股份有限公司设计的厦门北火车站，荣获2015年国际桥梁及结构工程协会杰出结构工程奖。此奖项是当前国际桥梁及结构工程界公认的最高奖项。

2015年6月1日
住建部副部长王宁出席建筑产业化国标设计首次宣贯培训会
首批国标落地 建筑产业化走出"雾里看花"
受住建部委托，由中国建筑标准设计研究院主办的建筑产业现代化国家建筑标准设计首次宣贯培训会在北京召开，住建部副部长王宁，住建部工程质量安全监管司副司长尚春明，中国建设科技集团总裁黄宏祥，建筑产业现代化标准编制总负责人、中国建筑标准设计研究院总建筑师刘东卫等共计200余人参会。

2015年6月1日
中国瑞昌！"木制兰花"绿色商业中心夺人眼球
由Vincent Callebaut设计的"木制兰花"绿色商业中心。该项目获得了国际建筑师协会（UIA）举办的国际竞赛设计荣誉奖。该项目位于中国瑞昌市，旨在设计几个文化和商业综合体，毗邻世界最大的花卉主题公园之一。

2015年6月2日
2015上海建博会 "第二届中国建筑装饰设计艺术作品展" 圆满落幕
第二届中国建筑装饰设计艺术作品展圆满谢幕，并举行了"设计面对面"——东西方设计与交流论坛暨"'全国建筑工程装饰奖'获奖工程项目设计师"、"中国建筑装饰设计奖"颁奖典礼。

2015年6月4日
成都新机场方案出炉 如"神鸟"驭日飞翔
备受瞩目的成都新机场进行了总体规划及航站楼方案评选，航站楼构型取意具有成都特色的太阳神鸟，航站区内四座单元式航站楼犹如四只驭日飞翔的神鸟，寓意着成都新机场以独有自信高昂的姿态面向世界腾飞。

2015年6月5日
降本增效驱动 模块化装修顺势崛起
一种模块化家居的概念横空出世，它定制的对象已不再仅仅是家具和衣柜、橱柜，而是包括吊顶、墙板、卫浴等在内的所有硬装和软装产品。业内人士分析指出，这种模块化定制家居的模式十分前卫，还需要一段时间的推广和消化。不可否认的是，模块化定制将成为建筑装饰行业不可逆转的发展趋势，也会成为装修降本增效的一把"利剑"。

2015年6月5日
北京建院约翰马丁品牌手册首发仪式暨"设计机构品牌建设与推广"建筑师茶座举行
"品质设计至精至诚"北京建院约翰马丁品牌手册首发仪式暨"设计机构品牌建设与推广"建筑师茶座在北京举行。北京市建筑设计研究院董事长朱小地等北京院领导出席了此次活动，并同承办方为"建院马丁"品牌手册首发揭幕。

2015年6月9日
材料大师：王澍与陆文宇的传统砖瓦
业余建筑工作室的王澍与陆文宇以其标榜传统与永恒高于其他一切的尊重场所文脉精神的态度而著名。在许多案例中，他们对材料的使用是来自当地可用的回收建筑元素。砖瓦，一种反复被业余建筑工作室和王澍——2012年普利兹克奖获得者，反复使用的材料，他们提供了一种政治的，也是建筑的信息。

2015年6月10日
大舍建筑设计事务所设计的上海龙美术馆

由大舍建筑设计事务所（Atelier Deshaus）设计的上海龙美术馆，是上海的当代美术画廊，位于上海西外滩。该项目结监狱一座工业结构周边，这里曾用作装卸大量煤块。

2015年6月16日
中国武汉越秀国际金融城规划确定由福斯特事务所操刀

由福斯特建筑师事务所设计的武汉越秀国际金融城总体规划方案获得许可，项目位于武汉市历史中心。方案将创建一个由遗址、历史和现状城市肌理共同塑造的新地区。

2015年6月16日
供应链金融风生水起　建筑装饰业"金融能量"如何释放

金螳螂发布公告称，拟以30亿元用于投资装饰产业供应链金融服务项目。显而易见，金螳螂此举为其完善大装饰战略再添一把薪。在此之前，建元股份也提出了以装饰为核心，互联网和金融业务为两翼，石材、木制品、幕墙、集成化建筑为四轮的发展战略，发力供应链金融。

2015年6月16日-17日
2015中国精品住宅设计与技术高峰论坛圆满谢幕

"中国精品住宅设计与技术高峰论坛"在上海绿地万豪酒店隆重举行。28位嘉宾进行了演讲，共同探讨精品住宅的发展之道。

2015年6月20日
弗兰克•盖里巴黎路易威登基金会建筑展览北京开幕

由弗兰克•盖里所设计建造的巴黎路易威登基金会去年正式落成。作为路易威登基金会"无疆界艺术"项目，本次北京作品特展是继去年10月巴黎路易威登基金会开幕之后的首次亮相，并于2015年6月20日到2015年8月9日期间，在北京国贸商城西楼举办。

2015年6月24日
中国第一高——上海中心大厦今夏营运

中国第一高楼，上海中心大厦预定这个夏天正式投入营运。这栋刷新上海城市天际线的大厦，高632米，仅次于828米的迪拜哈里法塔。2016年，随着660米高的深圳平安金融中心的建成，将"退位"至世界第三。

2015年6月25日
浙江宁波图书新馆项目正式动工

由丹麦工作室schmidt hammer lassen设计的首个中国图书馆项目正式动工，该项目位于海港城市宁波市。宁波老图书馆建于1927年，是当地历史最悠久、古籍藏书量最丰富的图书馆。

2015年6月29日
山东临淄打造全国最大足球博物馆 于9月投入使用

临淄是古代足球的发源地，与现代足球有着不解渊源。临淄区投资近2亿元打造全国最大足球博物馆，新馆建筑面积达1.17万平方米，是一处集参观游览、休闲娱乐、历史文化研发和产品开发于一体的高水准世界性足球公园，有望于今年9月投入使用。

2015年7月3日
MAD北京朝阳公园广场项目封顶

在北京，由MAD architects设计的"朝阳公园广场"项目举行了封顶仪式。该项目位于北京中央商务区的核心位置，建筑高达120米，总建筑面积12万平方米，以商业、办公和住宅为主。

2015年7月10日
世界最长、最高的玻璃桥即将在张家界诞生！

世界首座斜拉式高山峡谷玻璃桥在中国湖南省张家界对游客开放。据CNN报道，这座桥创下世界最高、最长玻璃桥的多项纪录。不仅可以作为观景平台，也可以作为时装秀等活动的展台，同一时间最多能容纳800名游客。

2015年7月15日
"中国第一双子塔"厦门第一高楼诞生 A塔封顶

号称"中国第一双子塔"的世茂海峡大厦（A塔）即将建成投用，这两座双子塔高达300米，是目前厦门封顶的第一高楼，当之无愧地成为厦门的新地标。

2015年7月15日
中国经济"中考"放榜　仅4.3% 建筑业增速创新低

2015年中国经济"中考"7月15日放榜。国家统计局新闻发言人盛来运在当天召开的新闻发布会上介绍说，初步核算，上半年国内生产总值为296868亿元，按可比价格计算，同比增长7.0%。分季度看，第一季度同比增长7.0%，第二季度同比增长7.0%。分产业看，第一产业增加值为20255亿元，同比增长3.5%；第二产业增加值为129648亿元，同比增长6.1%；第三产业增加值为146965亿元，同比增长8.4%。从环比看，第二季度国内生产总值同比增长1.7%。

2015年7月15日
鄂尔多斯展览广场震撼亮相 波浪形屋顶可上人

由kuanlu architects设计的鄂尔多斯展览广场，位于中国北部的内蒙古草原，用地面积达4公顷。该项目包括四个不同的展区，分别为历史、文化、工业和城市规划。

2015年7月17日
澳门建成了世界上首个"8"字形摩天轮

在澳门的金光大道上，世界上第一座"8"字形的摩天轮正在进行机械测试。这座即将成为亚洲最高的摩天轮高130米，仅次于拉斯维加斯的"疯狂转轮"和英国泰晤士河畔的"伦敦眼"。

2015年7月24日
建筑装饰万亿美元海外金矿待掘

随着国家"一带一路"战略的实施，沿线许多发展中国家对基建投资的需求不断被激发，这给国内建筑装饰行业带来了巨大的市场机遇和发展空间。根据银河证券研究员的测算，2014年，"一带一路"沿线64个国家建筑装饰行业总产值达1.17万亿美元，对中国企业而言，"一带一路"沿线国家建筑装饰市场空间广阔。处在建筑产业链下游的装饰企业也已嗅到这一市场机遇，积极制定"走出去"发展战略，布局海外市场，并以开拓者的姿态试水国际市场。

2015年7月24日
LV 御用建筑师青木淳设计上海l'avenue尚嘉中心

由LV 御用建筑师青木淳设计的上海l'avenue尚嘉中心。该建筑共28层，位于上海，外形看起来宛若流水瀑布。该项目由香港建筑师leigh& orange负责执行，设有一系列高端奢华零售商店以及顶层的办公室。

2015年7月29日
北京前门大街将"变脸"成中国非遗大街 总投资240亿

历经拆迁、改造与重建，北京中轴线上已有600余年历史的前门大街，将建成非物质文化遗产博览园，再现梨园与民俗文化。形成一街、两核、三区的布局，整个园区建筑面积达40万平方米，总投资累计240亿元人民币，拟于2016年底建成并投入运营。

2015年8月2日
天津大学再度担纲奥运场馆设计

继2008年北京奥运会天大建筑校友助力奥运场馆建设之后，承担冬奥会单项赛事的2022年冬奥会基础项目——河北北方学院体育馆，再次由天大人设计完成。该工程总建筑面积26365㎡，地8056㎡，地上主体一层，局部四层，为钢筋混凝土框架结构，屋顶为悬支穹顶结构，建筑高度27.5m。该馆可容纳6213人观看体育比赛，属于大型甲级体育馆，可举办国际单项比赛及全国综合性赛事。该项目已于今年3月份开工建设，预计2017年3月完工。

2015年8月13日
景森设计三项目获广东省优秀工程勘察设计奖三等奖

2015年度广东省优秀工程勘察设计奖评选结果公示，JSD景森设计选送的"万科•兰乔圣菲二期"、"南国豪苑第一期"荣获住宅与小区类三等奖，"景森给排水综合设计系统"荣获计算机软件类三等奖。

2015年8月14日
全球最大室内滑雪项目"冰雪世界"落户临港
海港城开发(集团)公司与上海陆家嘴集团、新加坡高鸿集团昨天签署合作框架协议，三方将在上海临港主城区联袂打造世界最大的综合性室内冰雪旅游度假项目——"冰雪世界"。全球最大室内滑雪项目"冰雪世界"落户临港，这是继上海海昌极地海洋世界后，落户临港的又一大体量、综合性旅游项目。

2015年8月22日-25日
三大榜单透视 建企座次变动"阴晴互现"
8月22日，2015中国企业500强榜单揭晓；3天后，2015中国民营企业500强榜单也对外公布。而权威性极强、专门针对承包商的2015年ENR全球最大250家国际承包商榜单也于近日出炉。

2015年8月24日
北京四合院改造成的胡同茶舍
胡同茶舍项目位于北京古老的街区，前身为一座废弃的四合院。在这个茶社，弧形的玻璃墙壁围合起种满竹树的庭院。中国公司Arch Studio受委托对这座位于北京东部的灰墙四合院进行改造，该建筑大约建于清朝统治期间（1644-1912）。

2015年8月27日
中国唯一建在海岛上的歌剧院——珠海歌剧院竣工在即
珠海歌剧院——世界上为数不多三面环海，也是中国唯一建设在海岛上的歌剧院日月贝于2010年4月28日动工建设。该项目规划用地面积5万平方米，总建筑面积约5万平方米，投资估算约10.8亿元人民币。

2015年9月6日
郑州一建筑投资10亿酷似金蛋 被评"中国最丑"
河南省郑州市，有媒体评出中国十大最丑建筑排行榜，其中投资近10亿元、外观酷似"金蛋"的河南艺术中心"有幸"上榜。河南艺术中心建筑方案由加拿大国际著名设计大师设计，由大剧院、音乐厅、小剧场、美术馆、艺术馆等五部分组成，建筑造型分别源于河南出土的2500年前至8700年前古代乐器陶埙、管乐器石排箫和中华第一笛"骨笛"的抽象造型。

2015年9月7日
天津港爆炸遗址将建生态公园 明年7月底完工
来自天津"8•12"事故现场新闻中心的消息，本次火灾爆炸事故遗址将在彻底清理后建设成海港生态公园，按照天津市委、市政府的统一部署，滨海新区规划和国土资源管理局编制海港生态公园概念规划，按照生态、生机、生活、纪念的主题和策略，打造一个舒适、宜人的生态公园。按照建设计划，海港生态公园今年11月开工，明年7月底完工。

2015年9月8日
中国第一高楼天津封顶 结构高度仅次于迪拜塔
位于天津滨海高新技术产业开发区的117大厦已经完成主体结构封顶。建成后的天津117大厦结构高度达596.5米，成为仅次于迪拜哈利法塔的世界结构第二高楼、中国在建结构第一高楼。

2015年9月8日
竞赛入围方案：WVA设计的珠海尖峰大桥东广场景观塔
由WVA设计的珠海尖峰大桥东广场景观塔，位于珠海斗门区。该方案赢得了竞赛第三名，该方案对周边地理、文化和社会政治背景进行了深入分析。该项目位于珠海两条河流的汇合处，建筑坐落于街区路口，是当地市民和游客的目的地和活动场所。

2015年9月9日-11日
发挥集团一体化优势，打造现代工业化创新平台

第十四届中国住宅建筑工业化博览会在北京进行，中国住博会是经国务院核准、商务部批准、住房和城乡建设部全力支持的高层级大型行业国际展览活动。

2015年9月10日
解构需求提升创新驱动力——2015中国地产设计创新大会圆满结束
"2015中国地产设计创新大会"在北京举办，作为第十四届"创新风暴•中国房地产创新典范品牌推介活动"的重要组成内容，主办方试图以专业、权威、独到的视角，结构市场需求，从而为中国房地产业的持续健康发展找到一条新的出路。

2015年9月11日
江苏大剧院外衣确定银白色 "荷叶水滴"现雏形
全省第一，规模仅次于国家大剧院的江苏大剧院，在南京河西滨江施工已有两年多，大剧院"荷叶"托起4个"水滴"的造型已经呈现，外观确定为银白色，主体工程已基本完成，力争明年年中竣工。

2015年9月14日
朱锫事务所将一所北京工厂改造成民生当代美术馆
由北京建筑工作室朱锫建筑师事务所设计的民生当代美术馆，位于北京，由前工厂改造而成。该建筑外墙裹以金属板，形成充满光泽感的建筑表皮，标识了该博物馆的入口空间。该建筑最初建于20世纪80年代，总建筑面积达35000平方米。

2015年9月15日
世界最大：上海天文馆2018年将亮相临港
上海天文馆（上海科技馆分馆）建设工程项目可行性研究报告已经在月初获得上海市发改委批复，标志着经过三年多筹备的上海天文馆建设工程正式上马，预计2018年投入使用，届时将正式与上海市民见面。

绿色与智能

2014年9月15日
通辽等8个城市被命名为国家园林城市
住房城乡建设部发出通报，命名内蒙古自治区通辽、鄂尔多斯、宁德、高密、泸州、咸阳、灵武、中卫8个城市为国家园林城市。

2014年10月10日
绿色生存，装饰企业别无选择
"绿色装饰将成为未来发展大方向。"中国建筑装饰协会会长李秉仁在第十一届中国建筑装饰百强企业峰会上如此断言。这份笃定，来源于全行业这些年对绿色装饰的践行和固本求新。作为实现绿色装饰的必备基因，无论是宏观层面的国家经济转型，中观层面的行业产业化，还是微观层面的企业工厂化，都给我们带来了太多惊喜。

2014年10月31日
第六届中国房地产科学发展论坛住宅产业化分论坛
第六届中国房地产科学发展论坛住宅产业化分论坛之建造"长寿化、好性能、绿色低碳"好房子的沙龙，在万丽天津酒店隆重召开。

2014年11月28日
CCDI悉地国际"数字建筑 智慧未来"数字化战略发布
CCDI悉地国际成立20周年庆典会在鸟巢•北京国际旅游汇举行，会上其全资子公司CCIT悉地科技宣布正式成立。至此，CCDI全面开启数字化战略之路，在建筑全生命周期着重整合以BIM为核心的工程数字化技术与工程咨询能力，提供包括平台、数据、咨询在内的数字化整体解决方案，成为中国能提供建筑全过程数据管理服务的行业领先企业。

2014年12月23日
中德低碳生态城市试点示范工作启动

中德全方位战略伙伴关系中的重要组成部分——中德低碳生态城市试点示范工作日前在京启动。住房城乡建设部副部长王宁、德国驻华使馆公使、经济处主任吕帆出席会议并致辞，德国能源署署长科勒介绍了中德低碳生态城市合作项目情况。

2015年1月1日
建筑装饰行业"绿色梦"渐行渐近
新版《绿色建筑评价标准》正式施行，绿色建筑的价值进一步获得认可。绿色建筑离不开绿色装饰，势不可挡的绿色风潮，一次次成为行业焦点，并被不断赋予新的内涵。

2015年1月15日
3D打印的文本景观
周洪涛是一位设计师,艺术家和研究学者，在家具设计、雕塑和建筑设计等领域都颇有建树。近期他又出了新作——"文字景观"(textscape)，是通过3D打印的立体文档，这一创作重新诠释了打印在当今技术型世界中的意义。

2015年3月31日
开启未来之窗 2015（北京）新型节能门窗技术研讨会在京隆重启幕
为响应国家节能减排的政策，推广新型绿色建筑材料技术，促进建筑品质的进一步提升，"绿动中国"系列活动"开启未来之窗——2015（北京）新型节能门窗技术研讨会"在京召开。

2015年4月14日
97个城市入选国家智慧城市试点名单
国家智慧城市2014年度试点名单公布，北京市门头沟区等97个城市（区、县、镇）入选，另有41个项目被确定为专项试点。住房城乡建设部办公厅、科学技术部办公厅近日联合下发通知，就做好试点工作提出具体要求。

2015年4月20日
亚厦股份："蘑菇+"开启智慧家装序幕
浙江亚厦装饰股份有限公司旗下子公司未来加与万安智能联合举办2015亚厦股份互联网家装媒体发布会，亚厦股份旗下互联网家装品牌"蘑菇+"亮相，正式开启了互联网智慧家装序幕。此次新产品发布，让亚厦股份重新定义了互联网家装，在"五装齐发"的蓝海战略下为普通人打造了"未来家居梦"。

2015年5月8日
中共中央、国务院要求加快推进生态文明建设强调大力推进绿色城镇化
到2020年，资源节约型和环境友好型社会建设取得重大进展，主体功能区布局基本形成，经济发展质量和效益显著提高，生态文明主流价值观在全社会得到推行，生态文明建设水平与全面建成小康社会目标相适应。这是中共中央、国务院日前印发的关于加快推进生态文明建设的意见中提出的。

2015年5月12日
第十一届深圳文博会广田分会场正式启幕 广田智能家居、定制精装、互联网家装亮点纷呈
第十一届中国（深圳）国际文化产业博览交易会广田装饰分会场启幕。分会场活动以"智享广田 精装未来"为主题，通过全新升级的智能家居体验馆、领先行业的定制精装和互联网家装体验区，以及凸显创意的绿色装饰展区、尊重原创的创意设计展区、包罗万象的集成装饰展区、巧妙点缀其间的软装陈列等各大领域，为与会者勾勒出了大数据时代全智能、精定制、原生态、纯创意、大装饰的人居之美。

2015年5月21日
集智效能 慧领未来
施耐德电气新一代智能化楼宇管理平台SmartStruxure焕新上市
全球能效管理专家施耐德电气在北京正式推出新一代智能化楼宇管理平台—SmartStruxure，以全、通、可持续的绿色解决方案优化楼宇的能效管理和商业价值，为绿色建筑带来可持续性发展的未来。SmartStruxure楼宇管理解决方案将软件、硬件、工程、安装和服务相结合，可集成化监测、控制和管理能源、照明、暖通、安防和第三方设备，被称为智能绿色建筑

的"神经中枢"。

2015年6月4日
2015年度全国绿色建筑创新奖获奖项目公示 民用建筑竞逐"绿色维新"
6月5日是新环保法实施后的首个世界环境日，主题为"践行绿色生活"。就在环境日前一天，住建部发布了2015年度全国绿色建筑创新奖获奖项目公示名单，多个住宅项目上榜，绿色建筑民用化趋势日渐明显。

2015年6月6日
金螳螂布局家装市场一年 行业巨头引领互联网"家"变革
由金螳螂（苏州）电子商务有限公司（下称金螳螂电商）举办的"梦想•家"家装e站壹周年庆典暨全球战略发布会在苏州文化艺术中心举行。于家装行业而言，这是一次变革，是一场颠覆行业经营模式的巨变；于金螳螂而言，这是一次尝试，让它站在了"互联网+"风潮的最前沿。

2015年6月23日-24日
探索面向中国城市的"智能设计"，BAU Congress China 2015邀您聚焦大会的最新动态！
第二届中国国际建筑科技大会及展览在国家会议中心（北京）隆重举行！大会的主题是："面向中国的智能设计及建筑"和"智能建造技术"。在这次大会上嘉宾更加专注于建筑案例与解决方案分享，针对不同的建筑方案进行现场案例剖析讲解。

2015年7月9日
智能家居将再造家居业 360、联想抢滩登陆
"五尚空间"首届中国互联网家装及智能家居高峰论坛在广州琶洲国际会展中心盛大开幕，上演一场跨界盛宴。360高级副总裁陈熙同，联想集团副总裁姚映佳、中装建设集团董事长庄重等多位重量级大咖发表重量级演说。

2015年7月14日
建筑行业信息化建设再升级
国务院发布《关于运用大数据加强对市场主体服务和监管的若干意见》，正式吹响大数据应用号角。对已经身处BIM和"互联网+"浪潮的建筑行业而言，如何处理和用好海量的工程相关数据，是实现信息化变革的最关键因素。

2015年7月19日-21日
中国最大建筑节能展将举行
国家工信部现场解读"绿色建材"转型
第11届中国（北京）国际建筑节能及新型建材博览会在北京国家会议中心举行。展会同期举行十余场论坛活动，汇聚行业专家，共同探索中国建筑节能与绿色建筑发展之路。工信部原材料司副司长吕桂新出席论坛并现场解读"绿色建材"转型。

2015年7月23日
中国建筑施工行业信息化发展报告显示BIM应用呈现"BIM+"新特点
《中国建筑施工行业信息化发展报告（2015）BIM深度应用与发展》在2015中国建设行业年度峰会上发布。《报告》显示，当前，BIM技术在建筑施工行业的应用正逐步进入注重应用价值、以建造过程应用为主的深度应用阶段，并呈现出BIM技术与云计算、大数据、物联网等先进信息技术集成应用的"BIM+"新特点。

2015年9月1日
智能家居品牌图灵猫惊艳亮相 广田正式开启"互联网+"战略
广田集团旗下广田智能在深圳五洲宾馆正式发布全新智能家居品牌图灵猫。图灵猫是广田集团在保持其原有公装优势基础上于今年开启的定制精装、互联网家装和智能家居三大新业务的重要组成部分，是广田在中国建筑装饰行业率先推出的智能家居品牌，标志着广田集团"互联网+"战略正式开启。

奖项召回

当遇到以下情况时，金堂奖组委会有权收回奖项标志的使用权和已颁发的奖品。

（1）正式确认获奖作品侵犯了其他作品的设计权或其他知识产权。

（2）获奖作品由于功能性缺陷造成了重大人身危害。

免责声明

（1）奖项颁发。所有奖励只针对参评者。

（2）知识产权保护。所有参评者必须保证参评作品的原创性，参评作品不得存在任何知识产权纠纷或争议，参评者自行负责一切关于其参评作品的知识产权保护问题，金堂奖组委会对此不承担任何责任。

（3）保密条款。金堂奖组委会有权使用参评者的信息进行与评奖活动有关的宣传活动，例如发布获奖作品信息、出版年鉴等。参评者要求公开、修改或延期使用其提交的信息时，组委会经过身份核实后给予答复。若日期有变动，将在本奖项官网公布，请参评者及时关注官网消息。

组委会办公室

地址：北京市朝阳区东三环中路建外soho12号楼2206室

邮编：100022　　联系电话：010-58691870/ 58696235

图书信息

主编：李有为

执行主编：殷玉梅

策划：金堂奖出版中心

出品：中国林业出版社

定价：798.00元（上下册）

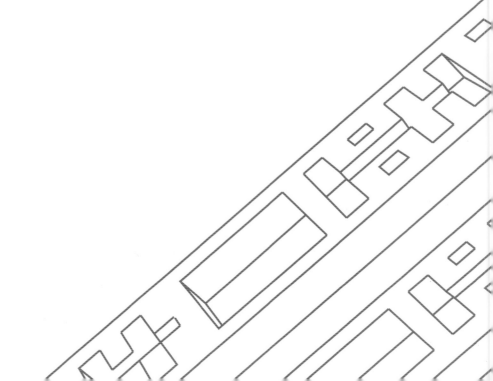

图书在版编目（ＣＩＰ）数据

金堂奖.2015中国室内设计年鉴：全2册 / 李有为主编. —— 北京：中国林业出版社，2016.5

ISBN 978-7-5038-8536-5

Ⅰ.①金… Ⅱ.①李… Ⅲ.①室内装饰设计－中国－2015－年鉴 Ⅳ.①TU238-54

中国版本图书馆CIP数据核字(2016)第100980号

主　　编：李有为
执行主编：殷玉梅

中国林业出版社·建筑分社

策　　划：纪　亮
责任编辑：李丝丝　王思源
装帧设计：北京万斛卓艺文化传播有限公司

出版：中国林业出版社
（ 100009 北京西城区德内大街刘海胡同 7 号 ）
http://lycb.forestry.gov.cn/
电话：（ 010 ）8314 3518
发行：中国林业出版社
印刷：北京利丰雅高长城印刷有限公司
版次：2016年6月第1版
印次：2016年6月第1次
开本：225mm×305mm，1/16
印张：58
字数：500千字
定价：798.00元